Claus Wilhelm Turtur

Wandlung von Vakuumenergie elektromagnetischer Nullpunktsoszillationen in klassische mechanische Energie

Claus Wilhelm Turtur

Wandlung von Vakuumenergie elektromagnetischer Nullpunktsoszillationen in klassische mechanische Energie

www.europäischer-hochschulverlag.de

Turtur, Claus Wilhelm
Wandlung von Vakuumenergie elektromagnetischer Nullpunktsoszillationen in klassische mechanische Energie

1. Auflage 2009
ISBN: 978-3-941482-54-8

www.europäischer-hochschulverlag.de

Die Deutsche Bibliothek verzeichnet diesen Titel in der Deutschen Nationalbibliografie. Bibliografische Daten sind unter http://dnb.ddb.de abrufbar.

EUROPÄISCHER
HOCH
SCHUL
VERLAG

Inhaltsverzeichnis

1. Einführung **1**

2. Philosophischer Hintergrund **2**
2.1 Statische Felder versus Relativitätstheorie 2
2.2 Ein Energiekreislauf des elektrostatischen Feldes 11
2.3 Ein Energiekreislauf des magnetostatischen Feldes 17

3. Theoretische Begründung der fließenden Energien **24**
3.1 Zur Vakuumenergie in der Quantenelektrodynamik 24
3.2 Bezug zum klassischen Modell der Vakuumenergie 27
3.3 Neues mikroskopisches Modell zum elektromagnetischen Anteil der Vakuumenergie 28
3.4 Der Energiefluß elektrischer und magnetischer Felder im Vakuum, erklärt anhand QED-Nullpunktsoszillationen 37
3.5 Vergleiche des QED-Modells mit anderen Modellen 41

4. Experimente zur Wandlung von Vakuumenergie in klassische mechanische Energie **44**
4.1 Konzept eines elektrostatischen Rotors 44
4.2 Erste Experimente zur Wandlung von Vakuumenergie 51
4.3 Experimentelle Verifikation unter Ausschluß von Gas 64
4.4 „Netto-Leistungsgewinn" zum Ausschluß von Artefakten 72

5. Weiterführende Hinweise und Ausblick in die Zukunft **86**
5.1 Magnetisches Analogon zum elektrostatischen Rotor 86
5.2 Rotor mit raumfester Rotationsachse 92
5.3 Untersuchungen anderer Arbeitsgruppen 101
5.4 Ausblick auf denkbar mögliche zukünftige Anwendungen 116

6. Zusammenfassung **121**

7. Referenzen **123**
7.1 Externe Literatur 123
7.2 Eigene Publikationen im Zusammenhang mit der vorliegenden Arbeit 135
7.3 Kooperationen und private communication 137

1. Einführung

Der Begriff „Vakuum" bezeichnet typischerweise denjenigen Raum, dem mit bisher bekannten Methoden nichts mehr entnommen werden kann. Dass dieser Raum aber nicht vollständig leer ist, sondern durchaus Objekte der Physik enthält, ist allgemein bekannt [Man 93], [Köp 97], [Lin 97], [Kuh 95]. Dies spiegelt sich auch in der allgemeinen Relativitätstheorie mit der Einführung der kosmologischen Konstanten Λ wieder, die letztlich ihre Ursache in der Gravitationswirkung des „bloßen Raums" hat [Goe 96], [Pau 00], [Sch 02]. Ihr Name „kosmologische Konstante" deutet darauf hin, dass große Mengen des bloßen Raumes, wie sie im Universum vorliegen, zu messbaren Effekten führen, nämlich zu einer Beeinflussung der Expansionsgeschwindigkeit des Universums [Giu 00], [Rie 98], [Teg 02], [Ton 03], [e1]. Die Frage ist nun, ob man neue Methoden entwickeln kann, mit denen sich von dem, was im Vakuum vorhanden ist, noch etwas entnehmen lässt, was man bisher nicht entnehmen konnte.

Alleine schon aufgrund der Energie-Masse-Äquivalenz müsste den im „bloßen Raum" des Vakuums enthaltenen Objekten eine Energie zukommen. Damit stellt sich die Frage, ob diese „Vakuumenergie" (man kann sie auch „Raumenergie" nennen) im Labor nachgewiesen werden kann. Diese Frage wird in der vorliegenden Arbeit positiv beantwortet, indem zunächst in den Abschnitten 2 und 3 theoretische Konzepte für einen derartigen Nachweis entwickelt werden, die schließlich in Abschnitt 4 durch Experimente erfolgreich verifiziert werden, indem Vakuumenergie in klassische mechanische Rotationsenergie umgewandelt wird. Damit stellt die Arbeit eine neue Methode vor, um dem Vakuum zumindest einen Teil der in ihm enthaltenen Energie zu entnehmen.

Die hier vorgestellte Energiekonversion von Vakuumenergie in eine klassisch nutzbare Energieform verspricht Nutzen für die Anwendung, weil sie es ermöglicht, dem ausgedehnten Raum des Universums immense Energiemengen zu entziehen, die der Mensch praktisch nicht erschöpfen kann. Vor allem sind dabei keinerlei Beeinträchtigungen oder Schäden an unserem Lebensraum und an unserer Umwelt erkennbar. Deshalb folgen in Abschnitt 5 einige Gedanken zu denkbaren technischen Umsetzungen der dargestellten Energiekonversion im Sinne eines Ausblicks in die Zukunft der Anwendungen der vorliegenden Arbeit.

2. Philosophischer Hintergrund

Entscheidend für die Erstellung der vorliegenden Arbeit war die Frage: Auf welche Weise lässt sich Vakuumenergie im Labor in eine klassische Energieform umwandeln?

Der Weg zur Antwort ist folgender:

Logisch klar ist, dass zur Wandlung von Energie in klassische mechanische Energie auch klassische mechanische Kräfte wirken müssen. Ebenso klar ist, dass dafür eine oder mehrere der fundamentalen Wechselwirkungen der Natur verantwortlich sein müssen, als da wären:

- die Gravitation,
- die Elektromagnetische Wechselwirkung,
- die Starke Wechselwirkung,
- die Schwache Wechselwirkung.

Da einerseits die Gravitation schwach ist und andererseits die starke und die schwache Wechselwirkung mühsam zu handhaben sind, schien es von Anfang an sinnvoll, die Wandlung von Vakuumenergie auf die elektromagnetische Wechselwirkung zurückführen zu wollen. Dieser Weg wurde besonders nach den Arbeiten [e1, e2, e3] favorisiert. Auf dieser Basis sind die nachfolgenden Gedanken des Abschnitts 2 entstanden.

2.1 Statische Felder versus Relativitätstheorie

Nach der klassischen Elektrodynamik werden elektrostatischen Feldern ebenso wie magnetostatischen Feldern (gemeint sind Gleichfelder und nicht Wechselfelder oder Wellen) keine Ausbreitungsgeschwindigkeiten zugeordnet [Jac 81], [Gre 08]. Vielmehr treten diese Felder überall gleichzeitig im Raum auf, an jedem Ort mit der ihm zukommenden Feldstärke, die sich für elektrostatische Felder auf der Basis des Coulomb-Gesetzes berechnen läßt und für magnetostatische Felder auf der Basis des Gesetzes von Biot-Savart, nach konventioneller Sichtweise aber eben ohne Berücksichtigung einer endlichen Ausbreitungsgeschwindigkeit.

Diese klassische Sichtweise steht im scharfen Gegensatz zu einer Aussage der Relativitätstheorie, nach der die Lichtgeschwindigkeit eine prinzipielle obere Grenze für Geschwindigkeiten überhaupt darstellt. Demzufolge müssten dann unter anderem auch elektrostatische ebenso wie magnetostatische Felder einer endlichen Ausbreitungsgeschwindigkeit unterworfen sein.

Den Widerspruch kann man durch folgendes Beispiel veranschaulichen:

Man stelle sich den Prozeß einer Paarbildung vor, bei dem ein Photon in ein Elektron und ein Positron zerfällt. Dadurch werden Ladungen getrennt, die nun aufgrund ihrer Existenz elektrostatische Felder erzeugen und des Weiteren aufgrund ihrer Bewegung magnetostatische Felder. Nach der Sichtweise der der klassischen Elektrodynamik müssten diese Felder zumindest ihrer Existenz nach sofort überall im Raum wahrnehmbar sein, da die Lichtgeschwindigkeit als Ausbreitungsgeschwindigkeit nur für elektromagnetische Wellen anzuwenden ist, nicht aber für die statischen Felder. Wäre diese Sichtweise zutreffend, dann müsste es durch das Bewegen von Ladungen und das gleichzeitige Messen der erzeugten statischen Felder möglich sein, Informationsübertragung mit Geschwindigkeiten oberhalb der Lichtgeschwindigkeit zu bewerkstelligen [Chu 99], [Eng 05]. Dass dies im Widerspruch zur Relativitätstheorie steht, ist offensichtlich.

In der über diese bloße klassische Sichtweise hinausgehende elektromagnetische Feldtheorie kennt man die retardierten Potentiale nach Liénard und Wiechert, die letztlich darauf zurückgehen, dass bei der Bestimmung der vierdimensionalen Potentiale bewegter Ladungskonfigurationen die endliche Ausbreitungsgeschwindigkeit der Feldstärken berücksichtigt wird. Jedes vierdimensionale Liénard-Wiechert'sche Potential kann in ein dreidimensionales Vektorpotential zur Beschreibung des magnetostatischen Feldes und ein eindimensionales Skalarpotential zur Beschreibung des elektrostatischen Feldes zerlegt werden [Kli 03], [Lan 97]. Basierend auf dieser Konzeption wurde im Rahmen der vorliegenden Arbeit die mit dem eindimensionalen Skalapotential korrespondierende elektrische Feldstärke berechnet, die eine Konfiguration aus mehreren bewegten Punktladungen an einem gegebenen Ort erzeugt, und zwar als Funktion der Zeit. Zweck dieser Berechnung war die Demonstration, dass der zeitlich Verlauf des elektrostatischen Feldes an einem gegebenen Ort durchaus entscheidend davon abhängt, ob bei der Ausbreitung dieses Feldes die endliche Ausbreitungsgeschwindigkeit der Feldstärken berücksichtigt wird oder nicht [e4].

Da wir elektrostatische Feldstärken betrachten wollen, gehen wir vom Coulomb-Gesetz aus [Jac 81], nach dem die Kraft $\vec{F}$ zwischen zwei Punktladungen gegeben ist als

$$\vec{F} = \frac{q_1 \cdot q_2 \cdot \vec{r}}{4\pi\varepsilon_0 \cdot |\vec{r}|^3} \tag{1.1}$$

mit $q_1, q_2 =$ elektrische Ladungen,
$\vec{r} =$ Abstand zwischen den beiden Ladungen (Fernwirkung),
$\varepsilon_0 = 8.854187817 \cdot 10^{-12} \frac{A \cdot s}{V \cdot m} =$ elektrische Feldkonstante [Cod 00].

Darin lässt sich wahlweise eine der beiden Punktladungen (z.B. Nr.1) als felderzeugende Ladung interpretieren, in deren elektrostatischem Feld die andere der beiden Punktladungen (z.B. Nr.2) dann die Kraft $\vec{F} = \vec{E} \cdot q_2$ erfährt. Die Feldstärke $\vec{E}$ der Punktladung Nr.1 wäre in diesem Fall

$$\vec{E} = \frac{q_1 \cdot \vec{r}}{4\pi\varepsilon_0 \cdot |\vec{r}|^3} \tag{1.2}$$

mit $\vec{r} =$ Abstand von der Ladungen Nr.1

Diese Feldstärke können wir nun auf zwei grundsätzlich verschiedene Arten interpretieren, nämlich

(a.) im Sinne der klassischen Elektrodynamik, bei der Ausbreitungsgeschwindigkeit der Feldstärke nicht auftaucht, sondern von einer instantanen Ausbreitung der Felder ausgegangen wird, mit der Konsequenz, dass eine Änderung der elektrischen Ladung q_1 oder ihrer Position überall im Raum im selben Moment wahrgenommen würde, oder

(b.) im Sinne der elektromagnetischen Feldtheorie und der Relativitätstheorie, nach deren Sichtweise die Feldstärke zum Durchlaufen der Strecke $|\vec{r}|$ die Zeit t benötigt, mit

$$t = \frac{|\vec{r}|}{c} \tag{1.3}$$

mit $c =$ Lichtgeschwindigkeit,

um dann im Abstand $|\vec{r}|$ von der Feldquelle mit der Verzögerung t zu wirken.

Dass die Sichtweise (a.) nur eine Näherung für kurze Verzögerungszeiten t ist und der Ansatz (b.) darüber hinaus durchaus nicht unüblich ist, mag man auch darin erkennen, dass sie z.B. auch eine der möglichen Erklärungen des Funktionsmechanismus des Hertz'schen Dipolstrahlers ergibt, bei der allerdings zusätzlich zum elektrostatischen Feld noch das magnetische Feld berücksichtigt werden muß [Ber 71]. Aber auch die Entstehung der Gravitationswellen bewegter Massen im Universum wird auf analoge Weise erklärt, wenn man die Ausbreitung der Gravitationsfelder mit Lichtgeschwindigkeit voraussetzt. Die ist Gegenstand aktueller Messungen [Abr 92], [Ace 02], [And 02], [Bar 99], [Wil 02].

Dies bedeutet, daß jede elektrische Ladung permanent elektrostatisches Feld aussendet, und daß dieses Feld sich dann im Raum ausbreitet, nachdem es seine Ursache, die Ladung verlassen hat. Feldanteile die einmal ausgesandt sind, breiten sich dann, nachdem sie die Ladung (als Feldquelle) verlassen haben, losgelöst von der Ladung aus und werden von späteren Positionsänderungen der Ladung nicht mehr beeinflusst. Wenn sich also eine Ladung im Laufe der Zeit bewegt, dann emittiert sie im Verlaufe dieser Bewegung ihr Feld immer von ihrem wandernden Aufenthaltsort aus, sodaß ein Beobachter das Feld fortwährend aus unterschiedlichen Positionen herrührend wahrnimmt.

Wir demonstrieren den Unterschied zwischen den beiden Sichtweisen nach (a.) und (b.) durch ein einfaches eindimensionales Rechenbeispiel, basierend auf einer Konfiguration aus vier schwingenden Punktladungen. Dies genügt, um die Unterschiede zwischen den beiden Sichtweisen aufzuzeigen. Die Bahnkurven der vier Ladungen als Funktion der Zeit folgen für unser Gedankenexperiment den Funktionen

$$\begin{aligned}
s_1(t) &= -\frac{d_1+d_2}{2} + \frac{d_2-d_1}{2}\cdot\cos\left(2\pi\cdot\frac{t}{\tau}\right) && \text{für eine negative Ladung } q_1^{(-)},\\
s_2(t) &= -\frac{d_1+d_2}{2} - \frac{d_2-d_1}{2}\cdot\cos\left(2\pi\cdot\frac{t}{\tau}\right) && \text{für eine positive Ladung } q_2^{(+)},\\
s_3(t) &= +\frac{d_1+d_2}{2} + \frac{d_2-d_1}{2}\cdot\cos\left(2\pi\cdot\frac{t}{\tau}\right) && \text{für eine positive Ladung } q_3^{(+)},\\
s_4(t) &= +\frac{d_1+d_2}{2} - \frac{d_2-d_1}{2}\cdot\cos\left(2\pi\cdot\frac{t}{\tau}\right) && \text{für eine negative Ladung } q_4^{(-)},
\end{aligned} \qquad (1.4)$$

wobei die vier Ladungen dem Betrage nach gleich seien, also $\left|q_1^{(-)}\right| = \left|q_2^{(+)}\right| = \left|q_3^{(+)}\right| = \left|q_4^{(-)}\right|$. Zur Veranschaulichung werden die Oszillationen der Ladungen im Diagramm der Abb.1 illustiert.

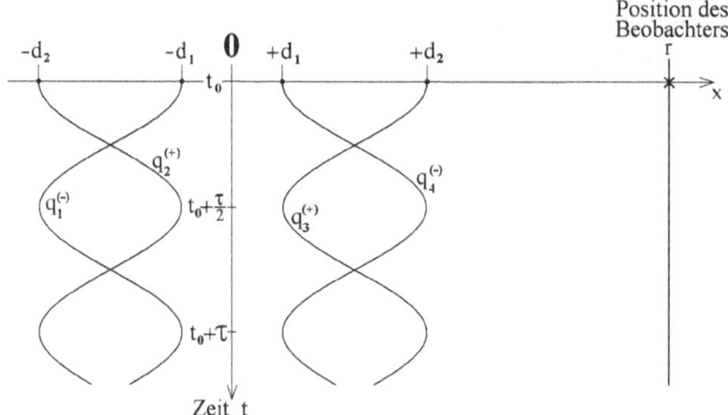

Abb. 1: Darstellung der Schwingungen der vier Ladungen als Funktion der Zeit, wie sie als Vorgabe für das Rechenbeispiel zur Wirkung der endlichen Ausbreitungsgeschwindigkeit der Feldstärken verwendet werden sollen.

Zu (a.): Die Sichtweise der instantanen Ausbreitung der Felder führt dazu, dass die gesamte Ladungskonfiguration kein elektrostatisches Feld entlang der x-Achse (unserer nach Vorgabe eindimensionalen Überlegung) emittieren kann, also am Ort des Beobachters permanent das Feld $\vec{E}=\vec{0}$ vorliegt.

Begründung:

Dass diese schwingende Ladungskonfiguration tatsächlich entlang der Ortsachse keine elektrischen Felder erzeugt, sieht man ohne Berechnung durch eine einfache Überlegung, mit erhöhter Dimensionalität. Betrachtet man nämlich eine dreidimensionale Anordnung periodisch kontrahierender und expandierender Kugelschalen, von denen in Abb.2 ein zweidimensionaler Schnitt mit der Papierebene zu sehen ist, so ergibt sich folgendes Bild: Das elektrostatische Feld einer geladenen Kugelschale ist im Außenraum das selbe wie das Feld der im Zentrum der Kugelschale konzentrierten Punktladung. Da dies für beide Kugelschalen in gleicher Weise gilt, erzeugen beide Kugelschalen zu jedem Zeitpunkt, unabhängig von ihrer Ausdehnung, ein konstantes elektrostatisches Feld. Da die Ladungen der beiden Kugelschalen dem Betrage nach gleich sind und sich nur durch das Vorzeichen unterscheiden, und darüberhinaus die Mittelpunkte der beiden Kugelschalen zusammenfallen, sind die von den beiden Kugelschalen hervorgerufenen Feldstärken dem Betrage nach identisch und der Orientierung nach entgegengesetzt, sodaß sich diese Feldstärken überall im Außenraum genau gegenseitig zu Null kompensieren. Selbstverständlich verliert diese Überlegung nicht ihre Gültigkeit, wenn man die Dimensionalität auf eine Dimension gemäß Abb.1 verringert. Damit ist gezeigt, dass die schwingende Ladungskonfiguration nach (1.4) und Abb.1 entlang der Ortsachse (x-Achse) keine elektrischen Felder erzeugt – sofern man von einer instantanen Ausbreitung der Feldstärken ausgeht.

Angemerkt sei, dass von einer infinitesimalen Dicke der Kugelschalen $\Delta d \to 0$ ausgegangen wurde.

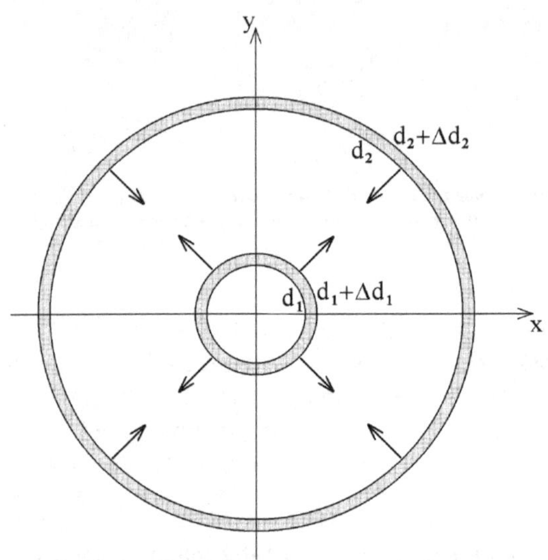

***Abb. 2:** Veranschaulichung zweier elektrisch geladener periodisch kontrahierender und expandierender Kugelschalen. In der hier dargestellten Momentaufnahme kontrahiert die äußere Kugel (die Nr.2, die die Ladung $-q$ trägt) und die innere Kugel (die Nr.1, die die Ladung $+q$ trägt) expandiert. Schließlich werden die beiden Kugelschalen einander durchdringen, sodaß d_2 kleiner als d_1 wird. Der Vorgang der periodischen Kontraktion und Expansion verläuft durch die gesamte Zeit unserer Betrachtungen. Das Bild zeigt im 2-dimensionalen Schnitt durch die beiden 3-dimensionalen Kugelschalen.*

Im übrigen lässt sich die Überlegung für jeden beliebigen Ort x im eindimensionalen Fall leicht anhand einer Addition der Feldstärken gemäß (1.5) kontrollieren, weil man für die Ladungen $q_1^{(-)} = q_4^{(-)} = +q$ und $q_2^{(+)} = q_3^{(+)} = -q$ einsetzen kann und die Vektoren durch Skalare ersetzt werden können:

$$\vec{E}_{ges} = \vec{E}_1 + \vec{E}_2 + \vec{E}_3 + \vec{E}_4$$

$$= \frac{q_1 \cdot (\vec{r} - \vec{s}_1)}{4\pi\varepsilon_0 |\vec{r} - \vec{s}_1|^3} + \frac{q_2 \cdot (\vec{r} - \vec{s}_2)}{4\pi\varepsilon_0 |\vec{r} - \vec{s}_2|^3} + \frac{q_3 \cdot (\vec{r} - \vec{s}_3)}{4\pi\varepsilon_0 |\vec{r} - \vec{s}_3|^3} + \frac{q_4 \cdot (\vec{r} - \vec{s}_4)}{4\pi\varepsilon_0 |\vec{r} - \vec{s}_4|^3} \qquad (1.5)$$

und beim Übergang auf den eindimensionalen Fall

$$= \frac{-q}{4\pi\varepsilon_0 \cdot (x - s_1)^2} + \frac{q}{4\pi\varepsilon_0 \cdot (x - s_2)^2} + \frac{q}{4\pi\varepsilon_0 \cdot (x - s_3)^2} - \frac{q}{4\pi\varepsilon_0 \cdot (x - s_4)^2} = \vec{0}$$

Zu (b.): Ganz anders verhalten sich die Felder nach der Sichtweise der endlichen Ausbreitungsgeschwindigkeit der Felder. Dort ergeben sich oszillierende, von Null verschiedene Feldstärken. Dies liegt letztlich daran, dass Felder, die von unterschiedlichen Positionen auf der Kugeloberfläche stammen, unterschiedliche Laufzeiten zurücklegen müssen, um zum Beobachter zu gelangen. Wir sehen dies wie folgt:

Der Betrag der Feldstärke jeder einzelnen Ladung Nr. i (mit $i=1...4$) am Ort x folgt natürlich dem Coulombgesetz (in Analogie zu $|\vec{E}|_1,...,|\vec{E}|_4$ aus (1.5)), jedoch muss jetzt bei der Addition der Feldstärken der Zeitpunkt berücksichtigt werden, zu dem jede individuelle Feldstärke erzeugt worden war. Dabei wird einerseits der Moment der Ausstrahlung des Feldes aus der Ladung berücksichtigt und andererseits die Dauer, die jedes der Felder benötigt, um von seinem Entstehungsort mit der Lichtgeschwindigkeit c zum Ort x zu laufen. Die Dauer dieser Ausbreitung ist dabei nach (1.3):

$$\Delta t_i = \frac{x - s_i(t)}{c} \qquad (\text{mit } i=1...4). \tag{1.6}$$

Führt man die Berechnung der Feldstärken kontinuierlich mit laufender Zeit durch und addiert für jeden Moment all diejenigen Feldstärken, die den Beobachter am Ort x in diesem Moment erreichen (sie sind individuell für jede der vier Ladungen zu berechnen), so erhält man das Gesamtfeld am Ort x als Funktion der Zeit nach dem Coulomb-Gesetz unter zusätzlicher Berücksichtigung der endlichen Ausbreitungsgeschwindigkeit der Felder.

Ein Beispiel-Ergebnis, das man für ein Rechenbeispiel mit den Werten $q = 1.60217653 \cdot 10^{-19}\text{C}$ (Elementarladung), $d_1 = 0.5m$, $d_2 = 3.5m$, $\tau = 10^{-7}\text{sec.}$ und $x = 10m$ erhält, ist in Abb.3 dargestellt. Offensichtlich ist das Feld von Null verschieden, was man einsieht, wenn man bedenkt, dass diejenigen Feldstärken, die sich in (1.5) genau kompensieren, den Ort x nun zu unterschiedlichen Zeitpunkten erreichen, entsprechend den unterschiedlichen Laufstrecken und somit Laufzeiten, die sie auf ihrem Weg zum Beobachter zurückzulegen haben. Andererseits waren diejenigen Feldstärken, die den Beobachter im gleichen Moment erreichen, zu unterschiedlichen Zeitpunkten an Orten erzeugt worden, was eine Kompensation entsprechend (1.5) verhindert, weil die unterschiedlichen Laufstrecken nach dem Coulomb-Gesetz zu veränderten wirkenden Feldstärken führen.

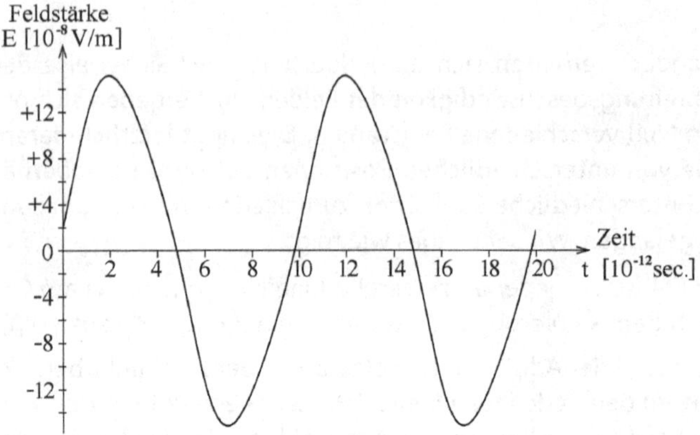

Abb. 3:

Ergebnis der Beispiel-Berechnungen des elektrostatischen Feldes vierer schwingender Ladungen, wie sie in Abb.1 und in den (1.4). beschrieben sind. Den Berechnungen liegt das Coulomb-Gesetz mit zusätzlicher Berücksichtigung der endlichen Ausbreitungsgeschwindigkeit der elektrischen Felder zugrunde, sowie die im Text genannten Parameterwerte

Das entscheidende Ergebnis ist offensichtlich: Die Feldstärke am Ort x ist nicht Null.

Aber es gibt noch eine weitere Beobachtung: Obwohl die vier felderzeugenden Ladungen mit ihren Schwingungen zeitlich einem Cosinus folgen, tut die Feldstärke am Ort x dies nicht. Deren Abweichung von der Form des Sinus oder Cosinus ist in (1.7) erkenntlich, wobei der erste Summand als Anfang einer mathematischen Reihe den dominanten Anteil der Feldstärke wiedergibt, und die nächsten beiden Sinus-Summanden eine Fortsetzung der Reihe (die hier nicht in der Form einer Fourier-Reihe wiedergegeben ist) angeben. Im übrigen nimmt die Abweichung des Feldstärkeverlaufs von der reinen Sinus-Form mit abnehmender Bewegungsgeschwindigkeit der Ladungen ab. In unserem Beispiel erreicht das Maximum der Geschwindigkeit, mit der sich die Ladungen bewegen, fast $2 \cdot 10^8 \, m/s$. Bei deutlich niedrigeren Geschwindigkeiten nähert sich die Form des Feldverlaufs als Funktion der Zeit deutlich mehr einem reinen Sinus.

Die in numerischer Näherung berechnete Feldstärke ist (mit einer Rechengenauigkeit von $\Delta E = \pm 3 \cdot 10^{-14} \frac{V}{m}$):

$$E(t) = a_0 \cdot \sin\left(1 \cdot \frac{2\pi}{\tau} \cdot (t - a_1)\right) + a_2 \cdot \sin\left(3 \cdot \frac{2\pi}{\tau} \cdot (t - a_3)\right) + a_4 \cdot \sin\left(5 \cdot \frac{2\pi}{\tau} \cdot (t - a_5)\right) + \ldots \tag{1.7}$$

mit den Koeffizienten $a_0 = -1.47671114257737 \cdot 10^{-11} \frac{V}{m}$, $a_1 = 4.68214978523477 \cdot 10^{-8}\,\text{sec.}$,

$a_2 = -9.46983556843000 \cdot 10^{-13} \frac{V}{m}$, $a_3 = 5.65583264190749 \cdot 10^{-8}\,\text{sec.}$,

$a_4 = +6.47000984663877 \cdot 10^{-14} \frac{V}{m}$, $a_5 = 4.67175185668795 \cdot 10^{-8}\,\text{sec.}$

Die entscheidende Konsequenz für die vorliegende Arbeit ist nun die:

Wenn wir die Sichtweise (b.) gemäß der elektromagnetischen Feldtheorie und der Relativitätstheorie, zur Ausbreitung elektrischer (und ebenso magnetischer) Felder ernst nehmen, dann lässt sich eine Ladungskonfiguration konstruieren, die nur alleine aufgrund der Begrenztheit der Ausbreitungsgeschwindigkeit der Felder von Null verschiedene Feldstärken erzeugt. Und mit Hilfe dieser Felder und Feldstärken müssten sich Kräfte auf im felderfüllten Raum befindliche Ladungen ausüben lassen, die nach der Sichtweise der einfachen klassischen Elektrodynamik (der instantanen Ausbreitung der Felder) gar nicht existieren dürften.

Selbstverständlich gehen derartige Kräfte über die Energieerhaltung der klassischen Elektrodynamik hinaus. Sie müssen also durch die Struktur des Vakuums (also die Struktur des Raumes) begründet und erklärbar sein, da das Vakuum mit seinen Eigenschaften für die Endlichkeit der Ausbreitungsgeschwindigkeit der Felder verantwortlich ist. Daraus ist der entscheidende Hinweis zu entnehmen, dass aufgrund der endlichen Ausbreitungsgeschwindigkeit elektrostatischer (und ebenso magnetostatischer) Felder die Wandlung von Vakuumenergie in eine andere Energieform möglich sein sollte, z.B. wie wir im weiteren Verlauf der Arbeit sehen werden, in klassische mechanische Energie.

Anmerkung:

Die zunächst paradox wirkenden Widersprüche zwischen der klassischen Elektrodynamik einerseits und der elektromagnetischen Feldtheorie mit Relativitätstheorie andererseits werden zugunsten der elektromagnetischen Feldtheorie und der Relativitätstheorie aufgelöst, sofern sich die postulierte Wandlung von Vakuumenergie in eine andere Energieform im Experiment praktisch nachweisen lässt – was im weiteren Verlauf der Arbeit zu sehen sein wird. Dass sich bei klassischen terrestrischen Maßstäben im Labor und in typischen technischen Anwendungen die Endlichkeit der Ausbreitungsgeschwindigkeit der elektrostatischen und magnetostatischen Felder normalerweise nicht bemerkbar macht, sollte dabei nicht verwundern, da die mit Lichtgeschwindigkeit zurückzulegenden Distanzen in elektrischen Geräten oder Laboratorien zu klein sind, um auf Laufzeiten der Felder aufmerksam zu werden. Man sieht dies sofort ein, wenn man die Zeitskala in Abb.3 (in *Pikosekunden*) mit den Abmessungen der Musterrechnung ($x = 10\,Meter$) in Relation setzt.

Nach den dargestellten Überlegungen stellt sich natürlich die Frage nach der Ausbreitung der mit den Feldern verbundenen Energie. Diese Frage ist insofern besonders wichtig und zielführend, als dass es genau diese Feldenergie ist, die in eine andere Energieform gewandelt werden soll. Wir werden derartige Energien exemplarisch in Abschnitt 2.2 für das elektrostatische Feld und in Abschnitt 2.3 für das magnetostatische Feld verfolgen.

2.2 Ein Energiekreislauf des elektrostatischen Feldes

Wenn sich elektrostatische Felder mit endlicher Ausbreitungsgeschwindigkeit durch den Raum fortpflanzen, dann ist damit ein Transport von Feldenergie verbunden [Chu 99]. Diesen Energietransport müsste man dann bei der Ausbreitung des Feldes verfolgen können. Dass dies in der Tat der Fall ist, sieht man bereits bei Betrachtung einer einfachen Punktladung. Und wenn wir dabei den Energietransport der elektrischen Feldenergie durch den Raum verfolgen, stoßen wir auf eine zunächst paradox anmutende Situation, die mehrere Aspekte enthält, und die sich schließlich durch einen Energiekreislauf im Vakuum erklären lassen wird [e5]. Es gibt übrigens Arbeiten (z.B. [Eng 05]), bei denen nicht die Nutzung der Energie dieses Kreislaufs diskutiert wird, sondern eine Nutzung zur Informationsübertragung schneller als mit Lichtgeschwindigkeit, was nur möglich ist, wenn man die Sichtweise der instantanen Ausbreitungsgeschwindigkeit der Feldstärken beibehält und eine Verletzung der Relativitätstheorie fordert.

Der erste Aspekt der paradox anmutenden Situation gilt dem Abstrahlen von Energie überhaupt[1] [e16]. Wenn eine Punktladung (z.B. eine Elemen-

---

1 Zum Zwecke der Veranschaulichung sei erwähnt, dass von periodisch bewegten Sternen wie z.B. von kreisenden Doppelsternen [Sha 83] oder von um scharze Löcher rotierenden Sternen der Mechanismus der Abstrahlung gravitativer Gleichfelder bekannt ist, die aufgrund der Bewegung der Sterne als Gravitationswellen wahrgenommen werden, weil sich mit der Geschwindigkeit der Sterne die Energiedichte des abgestrahlten Feldes verändert. In diesem Zusammenhang wird auch das gravitatorische Pendant zum Magnetfeld verständlich, welches als gravimagnetisches Feld bezeichnet wird und die Grundlage des Thirring-Lense-

tarladung) seit einem gegebenen Zeitpunkt existiert, dann strahlt sie ab diesem Moment ihrer Entstehung elektrostatisches Feld und damit Feldenergie aus, jedoch ohne ihre Masse zu verändern. Dabei wird der mit ihrem Feld erfüllte Raum mit fortschreitender Zeit immer größer. Aber woher stammt diese ausgestrahlte Energie? Da das geladene Teilchen seine Masse nicht verändert (bekanntlich haben Elementarteilchen eine zeitlich konstante Masse), stammt diese Energie nicht aus dem Teilchen selbst. Da aber auch ein geladenes Elementarteilchen im Vakuum diese Abstrahlung von Feld und Feldenergie vollzieht, ist die einzige Energieversorgung, mit der das Teilchen in Verbindung steht, das Vakuum. Die Konsequenz würde bedeuten, dass das Teilchen permanent aus dem Vakuum mit Energie versorgt wird. Auch wenn diese Vorstellung in gewisser Weise paradox oder überraschend wirkt, so ist sie nichts weiter als logisch konsequent.

Angemerkt sei, dass die Entstehung geladener Teilchen z.B. auf eine Paarbildung bei der Zerstrahlung eines Photons zurückgeführt werden kann, aber es kann auch geladene Elementarteilchen geben, die seit dem Urknall existieren. Der Unterschied zwischen den beiden genannten Fällen liegt lediglich in der Dauer der Existenz der Elementarteilchen und spielt hier keine Rolle. Je länger eine Punktladung bereits existiert, um so größer ist das von ihrem elektrostatischen Feld erfüllte Volumen. Betrachtet man z.B. ein beim Urknall entstandenes Elektron im freien Raum, so breitet sich dessen Feld kugelsymmetrisch aus und erfüllt heute eine Kugel mit dem Radius, den die Ausbreitung mit Lichtgeschwindigkeit seit dem Urknall durchmessen hat.

Der zweite und sehr wesentliche Aspekt der paradox anmutenden Situation befasst sich mit dem Ausbreiten der abgestrahlten Feldenergie durch den Raum. Betrachten wir hierzu das elektrische Feld, welches von einem geladenen Elementarteilchen der Ladung Q abgestrahlt wird (siehe Abb.4). Dabei soll es für unsere Überlegungen egal sein, ob das Elementarteilchen als punktförmig angenommen wird (wie z.B. das Elektron in Streuexperimenten, dem ein Radius $r_{streu} < 10^{-18} m$ zugeordnet wird, vgl. z.B. [Loh 05], [Sim 80]) oder ob z.B. ein Elektron mit seinem klassischen Elektronenradius ($r_{klass.} = 2.82... \cdot 10^{-15} m$ nach [Cod 00], [Fey 01]) betrachtet wird. Um derartige Fragestellungen zu umgehen, legen wir eine gedachte Kugel mit dem Radius x_1 um die Ladung Q und fixieren die Zeitskala bei demjenigen Zeitpunkt $t=0$, zu dem das elektrostatische Feld genau die Kugel mit dem Radius x_1 erfüllt. Von da an verfolgen wir das Feld bei des-

---

Effekts bildet (siehe z.B. [Sch 02], [Thi 18], [Gpb 07]), welches in Analogie zum magnetischen Feld der Elekrodynamik ebenfalls emittiert wird.

sen Propagation durch den Raum. Zu einem späteren Zeitpunkt $\Delta t > 0$ wird das Feld aufgrund seiner Propagationsgeschwindigkeit c eine Kugel mit dem Radius $x_1 + c \cdot \Delta t$ ausfüllen, sodaß im Zeitintervall Δt von der Ladung der in der Kugelschale von x_1 bis $x_1 + c \cdot \Delta t$ enthaltene Energiebetrag emittiert wurde, denn um diesen Betrag wurde die Gesamtenergie des Feldes erhöht. Da dieser Energiebetrag von Null verschieden ist, hat die Ladung Q Feld und damit Feldenergie emittiert.

Wir betrachten desweiteren zu einem noch späteren Zeitpunkt t_2 eine größere felderfüllte Kugel mit dem Radius x_2 und darauf basierend diejenige Energie, die die Ladung nun im Zeitintervall Δt emittiert hat. Dies ist die Energie, die die Kugelschale von x_2 bis $x_2 + c \cdot \Delta t$ enthält, denn dies ist dasjenige Volumen, in welches sich die Kugelschale von x_1 bis $x_1 + c \cdot \Delta t$ hinein entwickelt hat.

Durch Vergleich der Energiebeträge in der inneren und der äußeren Kugelschale werden wir nun feststellen, dass die Kugelschale beim Vorgang der Ausdehnung Energie verloren hat. Mit anderen Worten: Wir verfolgen ein gegebenes (in einer Kugelschale eingeschlossenes) Paket elektrostatischen Feldes bei dessen Propagation durch den Raum und berechnen, ob dieses kugelschalenförmige Feldpaket im Laufe seiner Ausbreitung seinen Energieinhalt beibehält oder nicht.

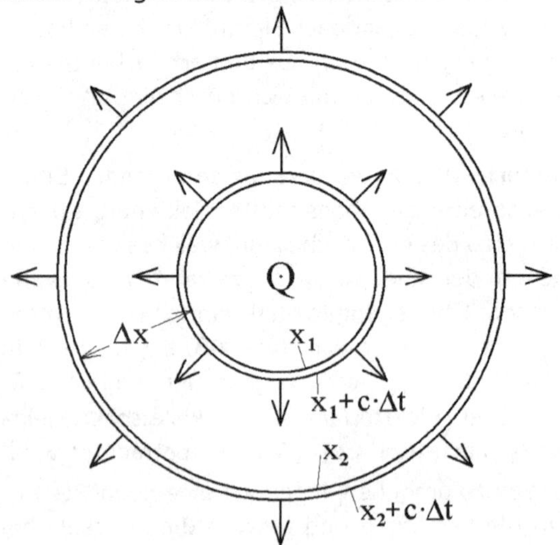

Abb. 4: Veranschaulichung einer Kugelschale, die eine gewisse Feldenergie eines elektrostatischen Feldes enthält. Sinn der Konstruktion ist die Verfolgung der Feldenergie eines wohlbestimmten in einer Kugelschale enthaltenen Feldpakets bei seiner Ausbreitung in den Raum

Die Verfolgung der Feldenergie der Kugelschale im zeitlichen und räumlichen Verlaufe ihrer Ausbreitung geschieht nun wie folgt:

Die Feldstärke einer zentralsymmetrischen (d.h. punktförmigen oder kugelsymmetrischen) Ladung Q lautet, dem Coulomb-Gesetz folgend

$$\vec{E}(\vec{r}) = \frac{1}{4\pi\varepsilon_0} \cdot \frac{Q}{r^3} \cdot \vec{r}\,, \tag{1.8}$$

wobei das Ladungszentrum im Koordinatenursprung liegt und $\vec{r}$ der Ortsvektor zu einem beliebigen Punkt ist, in dem die Feldstärke bestimmt werden soll.

- Gibt man $\vec{r}$ in Kugelkoordinaten an mit $\vec{r} = (r, \vartheta, \varphi)$, so ist der Betrag der Feldstärke nur vom Betrag $r = |\vec{r}|$ abhängig, nicht aber von ϑ und φ, nämlich gemäß

$$E = \left|\vec{E}\right| = \frac{1}{4\pi\varepsilon_0} \cdot \frac{Q}{r^2}\,. \tag{1.9}$$

- Die Energiedichte des elektrischen Feldes lautet

$$u = \frac{\varepsilon_0}{2} \cdot \left|\vec{E}\right|^2. \tag{1.10}$$

- Damit ist die Energiedichte des zentralsymmetrischen Feldes einer Punktladung

$$u = \frac{\varepsilon_0}{2} \cdot \left|\vec{E}\right|^2 = \frac{\varepsilon_0}{2} \cdot \left(\frac{1}{4\pi\varepsilon_0} \cdot \frac{Q}{r^2}\right)^2 = \frac{Q^2}{32\pi^2 \varepsilon_0 r^4} \tag{1.11}$$

- Die Energie in der Kugelschale von x_1 bis $x_1 + c \cdot \Delta t$ berechnet sich somit über das Volumenintegral zu

$$\begin{aligned}
E_{\substack{Schale\\innen}} &= \int\limits_{\substack{Kugel-\\schale}} u(\vec{r})\,dV = \int\limits_{\varphi=0}^{2\pi} \int\limits_{\vartheta=0}^{\pi} \int\limits_{r=x_1}^{x_1+c\cdot\Delta t} \frac{Q^2}{32\pi^2\varepsilon_0 r^4} \cdot r^2 \cdot \sin(\vartheta)\, dr\, d\vartheta\, d\varphi \\
&= \frac{Q^2}{32\pi^2\varepsilon_0} \cdot \int\limits_{\varphi=0}^{2\pi} \int\limits_{\vartheta=0}^{\pi} \underbrace{\int\limits_{r=x_1}^{x_1+c\cdot\Delta t} \frac{1}{r^2} \cdot dr}_{=\frac{c\cdot\Delta t}{(x_1+c\cdot\Delta t)\cdot x_1}} \cdot \sin(\vartheta)\, d\vartheta\, d\varphi \\
&= \frac{Q^2}{32\pi^2\varepsilon_0} \cdot \frac{c\cdot\Delta t}{(x_1+c\cdot\Delta t)\cdot x_1} \cdot \underbrace{\int\limits_{\varphi=0}^{2\pi} \underbrace{\int\limits_{\vartheta=0}^{\pi} \sin(\vartheta)\, d\vartheta}_{=2}\, d\varphi}_{=4\pi} \\
&= \frac{Q^2}{32\pi^2\varepsilon_0} \cdot \frac{c\cdot\Delta t}{(x_1+c\cdot\Delta t)\cdot x_1} \cdot 4\pi = \frac{Q^2}{8\pi\varepsilon_0} \cdot \frac{c\cdot\Delta t}{(x_1+c\cdot\Delta t)\cdot x_1}
\end{aligned} \tag{1.12}$$

Dass diese Energie nicht zu Null wird, ist offensichtlich. Das heißt, dass die Ladung in ihrer Funktion als Feldquelle in der Tat permanent Energie emittiert. Damit ist übrigens auch der erste Teil der paradox anmutenden Situation rechnerisch untermauert.

- Lassen wir nun die Zeit bis t_2 verstreichen, so ist der innere Rand der Kugelschale von x_1 nach x_2 gewandert und der äußere Rand von $x_1 + c \cdot \Delta t$ nach $x_2 + c \cdot \Delta t$. Mit dem in Abb.4 eingeführten Abstand Δx ergeben sich innerer und äußerer Radius der Schale dann zu $x_2 = x_1 + \Delta x$ bzw. $x_2 + c \cdot \Delta t = x_1 + \Delta x + c \cdot \Delta t$. Die Kugelschale hat somit in der verflossenen Zeitspanne ihr Volumen vergrößert, aber die Feldstärke im inneren der Kugelschale ist, (was auch dem Coulombgesetz entspricht), kleiner geworden. Würde der bloße Raum die mit dem Feld verbundene Energie einfach nur durch sich hindurch laufen lassen, dann müsste der Energiebetrag in der nun vergrößerten Kugelschale $E_{Schale,außen}$ der selbe sein, wie der Energiebetrag in der inneren Schale $E_{Schale,innen}$. Wir wollen das nachrechnen und finden diese Behauptung widerlegt:

$$E_{\substack{Schale\\außen}} = \int\limits_{\substack{Kugel-\\schale}} u(\vec{r})\,dV = \int\limits_{\varphi=0}^{2\pi} \int\limits_{\vartheta=0}^{\pi} \int\limits_{r=x_2}^{x_2+c\cdot\Delta t} \frac{Q^2}{32\pi^2\varepsilon_0 r^4} \cdot r^2 \cdot \sin(\vartheta)\,dr\,d\vartheta\,d\varphi$$

$$= \frac{Q^2}{32\pi^2\varepsilon_0} \cdot \int\limits_{\varphi=0}^{2\pi} \int\limits_{\vartheta=0}^{\pi} \underbrace{\int\limits_{r=x_1+\Delta x}^{x_1+\Delta x+c\cdot\Delta t} \frac{1}{r^2} \cdot dr}_{=\frac{c\cdot\Delta t}{(x_1+\Delta x+c\cdot\Delta t)\cdot(x_1+\Delta x)}} \cdot \sin(\vartheta)\,d\vartheta\,d\varphi$$

$$= \frac{Q^2}{32\pi^2\varepsilon_0} \cdot \frac{c\cdot\Delta t}{(x_1+\Delta x+c\cdot\Delta t)\cdot(x_1+\Delta x)} \cdot \underbrace{\int\limits_{\varphi=0}^{2\pi} \underbrace{\int\limits_{\vartheta=0}^{\pi} \sin(\vartheta)\,d\vartheta}_{=2}\,d\varphi}_{=4\pi}$$

$$= \frac{Q^2}{32\pi^2\varepsilon_0} \cdot \frac{c\cdot\Delta t}{(x_1+\Delta x+c\cdot\Delta t)\cdot(x_1+\Delta x)} \cdot 4\pi = \frac{Q^2}{8\pi\varepsilon_0} \cdot \frac{c\cdot\Delta t}{(x_1+\Delta x+c\cdot\Delta t)\cdot(x_1+\Delta x)} \qquad (1.13)$$

- Da diese Energie $E_{Schale,außen}$ offensichtlich nicht mit der Energie $E_{Schale,innen}$ identisch ist, ist klar, dass der leere Raum den Energieinhalt der betrachteten Kugelschale verändert. Ganz offensichtlich wird der Energiegehalt der Kugelschale bei dessen Propagation durch den Raum verringert. Da das sich ausbreitende Feld ebenso wie die Ladung nur mit dem bloßen Raum in Verbindung steht, bedeutet dies, dass der Raum (also das Vakuum) dem Feld bei dessen Ausbreitung Energie entzieht.

Wie groß der Energieverlust eines Feldes im Laufe seiner Propagation ist, lässt sich durch Subtraktion der Energieinhalte von (1.12) und (1.13) am Beispiel einer Punktladung aufzeigen:

Läuft eine mit Feld erfüllte Kugelschale von $x_1 \dots x_1 + c \cdot \Delta t$ nach $x_2 \dots x_2 + c \cdot \Delta t$, so verliert sie dabei den Energiebetrag

$$\Delta E = E_{\substack{Schale \\ innen}} - E_{\substack{Schale \\ außen}} = \frac{Q^2}{8\pi\varepsilon_0} \cdot \frac{c \cdot \Delta t}{(x_1 + c \cdot \Delta t) \cdot x_1} - \frac{Q^2}{8\pi\varepsilon_0} \cdot \frac{c \cdot \Delta t}{(x_1 + \Delta x + c \cdot \Delta t) \cdot (x_1 + \Delta x)} \tag{1.14}$$

Für kleine aber endlich große Δt und Δx (die wir als Summanden gegenüber nicht infinitesimal kleinen Größen wie x_1 in einer Grenzwertbetrachtung vernachlässigen, nicht aber als Faktoren), ergibt sich die Näherung

$$\begin{aligned} \Delta E = E_{\substack{Schale \\ innen}} - E_{\substack{Schale \\ außen}} &= \frac{Q^2}{8\pi\varepsilon_0} \cdot \frac{(2x_1 + \Delta x + c \cdot \Delta t) \cdot c \cdot \Delta t \cdot \Delta x}{(x_1 + c \cdot \Delta t) \cdot x_1 \cdot (x_1 + \Delta x + c \cdot \Delta t) \cdot (x_1 + \Delta x)} \\ &\approx \frac{Q^2}{8\pi\varepsilon_0} \cdot \frac{2x_1 \cdot c \cdot \Delta t \cdot \Delta x}{x_1 \cdot x_1 \cdot x_1 \cdot x_1} = \frac{Q^2}{8\pi\varepsilon_0} \cdot \frac{2 \cdot c \cdot \Delta t \cdot \Delta x}{x_1^3}. \end{aligned} \tag{1.15}$$

Wir sehen also, dass bei endlicher Schalendicke $c \cdot \Delta t$ (damit überhaupt eine Schale vorhanden ist) und bei endlicher Propagationsstrecke Δx (damit überhaupt eine Ausbreitung des Feldes stattfindet), die Energieabgabe des Feldes an den Raum umgekehrt proportional zur dritten Potenz des Schalenradius x_1 ist. Wir stehen somit folgender Systematik der Proportionalitäten bezüglich des Abstandes r zur Punktladung gegenüber:

Größe		Proportionalität
Elektrisches Potential einer Punktladung	→	$V \propto r^{-1}$
Feldstärke einer Punktladung (Coulombgesetz)	→	$F \propto r^{-2}$
Energieabgabe des Feldes an den Raum bei einer Punktladung	→	$\Delta E \propto r^{-3}$
Energiedichte des Feldes einer Punktladung	→	$u \propto r^{-4}$

Das Entscheidende dabei ist die Schlussfolgerung, die sich bei logischer Konsequenz ergibt:

Einerseits versorgt der Raum die Ladung als Feldquelle permanent mit Energie, die die Feldquelle dann in elektrostatische Feldenergie umwandelt und als solche emittiert. Andererseits aber nimmt sich der Raum aus dem sich ausbreitenden Feld ständig Energie zurück. Diese Energie im bloßen Raum, können wir an dieser Stelle noch nicht zuordnen. Deshalb können wir sie im Moment nur diffus als Vakuumenergie bezeichnen. In Abschnitt 3 werden wir weitergehend darüber nachdenken.

Was wir aber jetzt schon feststellen können, ist die Aussage:

Mit der zunehmenden Ausdehnung des Feldvolumens nimmt zwar die Feldenergie im Laufe der Zeit permanent zu. Nichtsdestotrotz verursacht der Raum (wir benutzen die Bezeichnungen „Raum" und „Vakuum" synonym) einen ständigen Energiekreislauf, in dem Ladungen als Feldquellen mit Vakuumenergie versorgt werden und propagierende Felder Energie an das Vakuum verlieren.

Und damit liegt natürlich ein neuer Zugang zur Vakuumenergie auf der Hand:

Hier wurde ein Energiekreislauf zwischen Vakuumenergie und der Energie des elektrostatischen Feldes gefunden und beschrieben, bei dem diese beiden Energieformen ineinander umgewandelt werden. Kann man in diesen Kreislauf eingreifen, so lässt sich die Vakuumenergie im Labor nachweisen und nutzen – wie das geht, ist Inhalt von Abschnitt 4.

2.3 Ein Energiekreislauf des magnetostatischen Feldes

Wegen der großen Verwandtschaft zwischen elektrostatischen und magnetostatischen Feldern (das letztgenannte lässt sich durch eine Lorentz-Transformation auf das erstgenannte zurückführen, siehe [Sch 88], [Dob 06]) sollte es auch für magnetostatische Felder eine Energiekreislauf zwischen Feldenergie und Vakuumenergie geben, der sich in Analogie zum Energiekreislauf der elektrostatischen Felder aufstellen und verstehen lässt. Dass diese Analogie tatsächlich sehr weit geht, sehen wir jetzt in Abschnitt 2.3, wobei allerdings aufgrund real existierender Gegebenheiten die Feldgeometrie für ein Rechenbeispiel etwas anders aufgebaut sein soll als bei der vorangehenden Betrachtung des Energiekreislaufs elektrostatischer Felder. Man versteht nämlich im Zusammenhang mit der eingangs erwähnten Lorentz-Transformation, dass es punktförmige Feldquellen für Magnetfelder prinzipiell nicht geben kann, da zur Erzeugung magnetostatischer Felder die Bewegung einer Ladung nötig ist. (Die niedrigste Ordnung in der Mulitipolentwicklung magnetischen Felder ist der Dipol.) Deshalb sei in Abschnitt 2.3. eine gleichförmig bewegte Ladung betrachtet zusammen mit dem von ihr emittierten magnetostatischen Feld. Dessen Ausbreitung durch den bloßen Raum wird dann in Analogie zum Energiekreislauf des elektrostatischen Feldes verfolgt.

Wir beginnen mit einer bewegten elektrischen Ladung entsprechend Abb.5, die ein Magnetfeld erzeugt. Die geometrische Anordnung der Ladung sei eine homogene Verteilung entlang der z-Achse, und diese gerade Linie, die die Ladung trägt, soll unendlich lang sein und sich gleichförmig (also mit konstanter Geschwindigkeit) in z-Richtung bewegen. Den Betrag der magnetischen Feldstärke $H=|\vec{H}|$ entnimmt man den üblichen Standardlehrbüchern für Studierende [Gia 06] und findet dort

$$H=|\vec{H}|=\frac{I}{2\pi r} \quad \text{mit } I = \text{ elektrischer Strom} \quad \text{und } r=\sqrt{x^2+y^2} \tag{1.16}$$

Der Betrag der Feldstärke genügt zur Berechnung der hier benötigten Energiedichte des magnetischen Feldes, die man in den selben Büchern findet, nämlich

$$u=\frac{\mu_0}{2}\cdot|\vec{H}|^2=\frac{I}{2\pi r} \quad \text{mit } \mu_0=4\pi\cdot 10^{-7}\frac{V\cdot s}{A\cdot m} = \text{magnetische Feldkonstante} \tag{1.17}$$

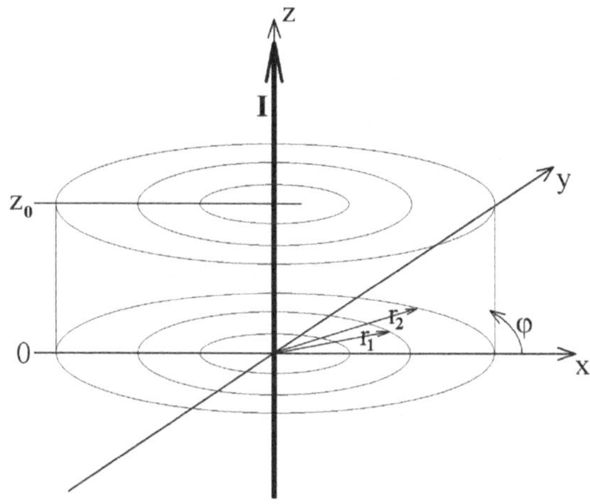

Abb. 5: Veranschaulichung einer homogenen Ladungskonfiguration entlang der z-Achse mit Bewegung ebenfalls entlang der z-Achse. Sie erzeugt das selbe Magnetfeld wie ein unendlich langer gerader Leiter. Aufgrund der Ausrichtung des Stromflusses in z-Richtung kann der Betrag der magnetischen Feldstärke bequem in Zylinderkoordinaten gemäß (1.16) und (1.17) angegeben werden

Wir betrachten nun die Ausbreitung des Magnetfeldes bzw. dessen Energie durch den Raum. Dabei wandert die Energie des emittierten Magnetfeldes, ausgehend von der Position der bewegten Ladung (also von der z-Achse) mit Lichtgeschwindigkeit in radialer Richtung von ihrer Ursache, also von der bewegten Ladung weg. Eine Ausbreitung des Magnetfeldes in z-Richtung braucht nicht beachtet werden, da die Anordnung zylindersymmetrisch in z-Richtung aufgebaut ist und in ebendieser Richtung unendliche Ausdehnung hat. Das versteht man auch, indem man ein Volumenelement in Form eines Zylinders mit endlicher Länge $z = 0 \ldots z_0$ herausgreift (siehe Abb.5). Da durch dessen Boden- und Deckelfläche gleich viel Energie einströmen wie ausströmen, ist das zylindrische Volumenelement selbst weder eine Quelle noch eine Senke. In gleicher Weise versteht man auch, dass von der bewegten Ladung (an der Position der z-Achse) die Energie zylindersymmetrisch nach außen (also in radialer Richtung in der xy-Ebene) strömt.

Wir wollen nun herausfinden, wieviel magnetische Feldenergie im Ablauf eines Zeitintervalls Δt in den Raum hineinfließt. Dafür legen wir die folgende Zeitskala fest: Der elektrische Strom (also die Bewegung der Ladung) werde zum Zeitpunkt $t_0 = 0$ eingeschaltet. Der Zeitpunkt t_1 (mit $t_1 > 0$) wird als derjenige Moment festgelegt, in dem das magnetische Feld aufgrund seiner endlichen Ausbreitungsgeschwindigkeit (nämlich der Lichtgeschwindigkeit) den Radius r_1 erreicht (vgl. Abb.5). Noch etwas später, nämlich zum Zeitpunkt $t_2 = t_1 + \Delta t$ (mit $\Delta t > 0$), wird das Feld den Zylinder mit dem Radius r_2 erreicht haben. Infolgedessen läßt sich die Energie des Magnetfeldes, die im Verlauf des Zeitintervalls Δt emittiert wurde, als diejenige Energie berechnen, die die Zylinderschale mit dem Innenradius r_1 und dem Außenradius r_2 ausfüllt. Wir berechnen diesen Energiebetrag durch Integration der Energiedichte über das Volumen der besagten Zylinderschale (endlicher Höhe z_0) und setzen dabei die Energiedichte nach (1.17) und dort den Betrag der magnetischen Feldstärke nach (1.16) ein:

$$
\begin{aligned}
W &= \iiint\limits_{(\text{Zylinder})} u\,dV = \int\limits_{\varphi=0}^{2\pi} \int\limits_{r=r_1}^{r_2} \int\limits_{z=0}^{z_0} \frac{\mu_0}{2} \cdot \left|\vec{H}\right|^2 \cdot r\,dz\,dr\,d\varphi = \int\limits_{\varphi=0}^{2\pi} \int\limits_{r=r_1}^{r_2} \int\limits_{z=0}^{z_0} \frac{\mu_0}{2} \cdot \frac{I^2}{(2\pi r)^2} \cdot r\,dz\,dr\,d\varphi \\
&= \int\limits_{\varphi=0}^{2\pi} \int\limits_{r=r_1}^{r_2} \int\limits_{z=0}^{z_0} \frac{\mu_0 \cdot I^2}{8\pi^2 r} \cdot dz\,dr\,d\varphi = \int\limits_{\varphi=0}^{2\pi} \int\limits_{r=r_1}^{r_2} \frac{\mu_0 \cdot I^2}{8\pi^2 r} \cdot [z]_0^{z_0}\,dr\,d\varphi = \int\limits_{\varphi=0}^{2\pi} \int\limits_{r=r_1}^{r_2} \frac{\mu_0 \cdot I^2 z_0}{8\pi^2 r}\,dr\,d\varphi \\
&= \int\limits_{\varphi=0}^{2\pi} \frac{\mu_0 \cdot I^2 z_0}{8\pi^2} \cdot \left(\ln(r_2) - \ln(r_1)\right) d\varphi = \frac{\mu_0 \cdot I^2 z_0}{8\pi^2} \cdot \left(\ln(r_2) - \ln(r_1)\right) \cdot 2\pi = \frac{\mu_0 \cdot I^2 z_0}{4\pi} \cdot \ln\left(\frac{r_2}{r_1}\right)
\end{aligned}
\tag{1.18}
$$

Im übrigen lässt sich auch die emittierte Leistung bequem ausrechnen, indem man die emittierte Energie W mit dem Zeitintervall Δt in Relation setzt, in welchem diese Energie emittiert wurde. Dieses Zeitintervall kann dann auf die endliche Ausbreitungsgeschwindigkeit und Zeit des Magnetfeldes (mit Lichtgeschwindigkeit) bezogen werden, nämlich gemäß

$$c = \frac{r_2 - r_1}{\Delta t} \quad \Rightarrow \quad \Delta t = \frac{r_2 - r_1}{c} \tag{1.19}$$

Damit wissen wir, zu welchen Zeitpunkten die Radien r_1 und r_2 erreicht werden:

$$c = \frac{r_1}{t_1} \quad \Rightarrow \quad r_1 = c \cdot t_1$$
$$\text{und} \quad r_2 = c \cdot t_2 = c \cdot (t_1 + \Delta t) \tag{1.20}$$

Das führt zur Angabe der Leistung gemäß

$$P = \frac{W}{\Delta t} = \frac{\mu_0 \cdot I^2 z_0}{4\pi \cdot \Delta t} \cdot \ln\left(\frac{r_2}{r_1}\right) \tag{1.21}$$

Um herauszufinden, ob diese Leistung P zeitlich konstant ist, wie man es erwarten sollte, da die Bewegungsgeschwindigkeit der Ladung zeitlich konstant ist (sofern das Vakuum nicht mehr der propagierenden Feldenergie in Wechselwirkung stünde), drücken wir die Radien r_1 und r_2 als Funktion der Zeit aus, und zwar unter Benutzung der (1.20) und (1.21):

$$P = \frac{W}{\Delta t} = \frac{\mu_0 \cdot I^2 z_0}{4\pi \cdot \Delta t} \cdot \ln\left(\frac{c \cdot (t_1 + \Delta t)}{c \cdot t_1}\right) = \frac{\mu_0 \cdot I^2 z_0}{4\pi} \cdot \frac{1}{\Delta t} \cdot \ln\left(1 + \frac{\Delta t}{t_1}\right) \tag{1.22}$$

Offensichtlich ist dieser Ausdruck nicht zeitlich konstant. Er wäre zeitlich konstant, wenn er nicht von t_1, also vom Moment der Beobachtung abhinge. Das bedeutet, dass die bewegte Ladung ein Magnetfeld erzeugt und somit Leistung abstrahlt, obwohl sie selbst ihre Geschwindigkeit und somit ihre Energie beibehält. Wir verstehen dies als ersten Aspekt des Energiekreislaufs zum Abstrahlen von Energie überhaupt: Obwohl der bewegten Ladung keine Energie entnommen wird, strahlt sie magnetische Feldenergie ab. Da die bewegte Ladung nur mit dem bloßen Raum in Verbindung steht, kann die Herkunft dieser Energie abermals nur aus dem Vakuum erklärt werden. Im übrigen sei angemerkt, dass auch Dauermagnete permanent magnetische Feldenergie abstrahlen, was ebenfalls in Analogie zu Abschnitt 2.2 als erster Teil einer paradox anmutenden Situation zu verstehen ist.

Aber es gibt noch eine weitere Beobachtung: Die abgestrahlte Leistung ist offensichtlich nicht zeitlich konstant, obwohl es keinen ersichtlichen Hinweis auf eine Änderung der emittierten Feldstärken gibt.

Damit findet auch der zweite Teil der paradox anmutenden Situation des elektrostatischen Feldes ein Pendant beim Energiekreislauf des Magnetfeldes, nämlich die Abgabe von Energie an das Vakuum bei der Propagation der Feldstärken. Um dies zu sehen, verfolgen wir die in einem Zylindervolumen enthaltene Energie bei ihrer Ausbreitung durch den Raum und stellen die Frage, ob sich die in einem gegebenen Zylinder enthaltene Energie bei dessen Lauf durch den Raum ändert. Zu diesem Zweck folgen wir der beobachteten Zylinderschale mit dem Innenradius r_1 und dem Außenradius r_2 noch über ein weiteres Zeitintervall $\Delta t_x > 0$. Innerhalb dieser Zeitspanne wird sich der Innenradius der bewussten Zylinderschale auf $r_3 = r_1 + c \cdot \Delta t_x$ vergrößert haben und der Außenradius auf $r_4 = r_2 + c \cdot \Delta t_x$. Damit stehen wir folgender Entwicklung der Situation im Laufe der Zeit gegenüber:

- Zum Zeitpunkt $t_2 = t_1 + \Delta t$ hatte unsere Zylinderschale den Innenradius r_1 und den Außenradius r_2, d.h. wir betrachten die selbe Zylinderschale wie in der Rechnung zu (1.18).
- Zum Zeitpunkt $t_2 + \Delta t_x = t_1 + \Delta t + \Delta t_x$ habe sich ebendieser Zylinder von $r_1 \dots r_2$ soweit radial ausgedehnt, dass er nun mit seinem Innenradius bei r_3 angekommen ist und mit seinem Außenradius bei r_4.

Die in den beiden genannten Vergleichsaugenblicken im Zylinder enthaltene Energie läßt sich nach Gleichung (1.18) angeben:

- Bei $t_2 = t_1 + \Delta t$ enthält er die Energie $W_{12} = \frac{\mu_0 \cdot I^2 z_0}{4\pi} \cdot \ln\left(\frac{r_2}{r_1}\right)$. (1.23)
- Bei $t_2 + \Delta t_x = t_1 + \Delta t + \Delta t_x$ enthält er die Energie

$$W_{34} = \frac{\mu_0 \cdot I^2 z_0}{4\pi} \cdot \ln\left(\frac{r_4}{r_3}\right) = \frac{\mu_0 \cdot I^2 z_0}{4\pi} \cdot \ln\left(\frac{r_2 + c \cdot \Delta t_x}{r_1 + c \cdot \Delta t_x}\right). \tag{1.24}$$

Wollen wir das zeitliche Verhalten verstehen, so setzen wir r_1 und r_2 nach (1.20) ein und erhalten:

$$\text{Bei } t_2 = t_1 + \Delta t \Rightarrow W_{12} = \frac{\mu_0 \cdot I^2 z_0}{4\pi} \cdot \ln\left(\frac{r_2}{r_1}\right) = \frac{\mu_0 \cdot I^2 z_0}{4\pi} \cdot \ln\left(\frac{c \cdot (t_1 + \Delta t)}{c \cdot t_1}\right)$$

$$= \frac{\mu_0 \cdot I^2 z_0}{4\pi} \cdot \ln\left(\frac{(t_1 + \Delta t)}{t_1}\right) = \frac{\mu_0 \cdot I^2 z_0}{4\pi} \cdot \ln\left(1 + \frac{\Delta t}{t_1}\right) \tag{1.25}$$

$$\text{Bei } t_2 + \Delta t_x = t_1 + \Delta t_x + \Delta t \Rightarrow W_{34} = \frac{\mu_0 \cdot I^2 z_0}{4\pi} \cdot \ln\left(\frac{r_4}{r_3}\right) = \frac{\mu_0 \cdot I^2 z_0}{4\pi} \cdot \ln\left(\frac{r_2 + c \cdot \Delta t_x}{r_1 + c \cdot \Delta t_x}\right)$$

$$\Rightarrow W_{34} = \frac{\mu_0 \cdot I^2 z_0}{4\pi} \cdot \ln\left(\frac{c \cdot (t_1 + \Delta t) + c \cdot \Delta t_x}{c \cdot t_1 + c \cdot \Delta t_x}\right) \tag{1.26}$$

$$= \frac{\mu_0 \cdot I^2 z_0}{4\pi} \cdot \ln\left(\frac{t_1 + \Delta t + \Delta t_x}{t_1 + \Delta t_x}\right) = \frac{\mu_0 \cdot I^2 z_0}{4\pi} \cdot \ln\left(1 + \frac{\Delta t}{t_1 + \Delta t_x}\right)$$

Daß die beiden Ausdrücke (1.25) und (1.26) unterschiedlich sind, ist offensichtlich. Da wir aber nur die Energie im Inneren eines expandierenden Zylinders verfolgt haben, bedeutet $W_{12} \neq W_{34}$ einen Austausch von Feldenergie mit dem Vakuum.

Die Frage, ob bei diesem Austausch Energie vom Feld an das Vakuum abgegeben oder vom Feld aus dem Vakuum aufgenommen wird, beantworten wir durch einen Vergleich von W_{12} mit W_{34}. Wegen $\Delta t_x > 0$ muss gelten $1 + \frac{\Delta t}{t_1} > 1 + \frac{\Delta t}{t_1 + t_x}$ und somit folgt

$$\ln\left(1 + \frac{\Delta t}{t_1}\right) > \ln\left(1 + \frac{\Delta t}{t_1 + \Delta t_x}\right), \tag{1.27}$$

was in Anbetracht der (1.25) und (1.26) nichts anderes bedeutet als $W_{12} > W_{34}$. Damit ist klar, dass das magnetostatische Feld bei seiner Propagation in den Raum Feldenergie an das Vakuum abgibt.

Damit ist die Analogie zwischen dem Energiekreislauf des magnetostatischen Feld und dem elektrostatischen Feld komplett. In beiden Fällen wird die Feldquelle aus dem Vakuum mit Energie versorgt um Feld abstrahlen zu können, und in beiden Fällen gibt das sich ausbreitende Feld Energie an das Vakuum ab.

Nebenbei sei aber auch angemerkt, dass die Energie und die Leistung, die die Feldquellen dem Vakuum entziehen (sowohl im elektrostatischen Fall als auch im magnetostatischen Fall) größer ist, als die Energie und die Leistung, die das Feld bei seiner Ausbreitung im Raum an das Vakuum abgibt. Das sieht man sofort ein, wenn man bedenkt, dass sich das vom Feld erfüllte Volumen mit der Zeit permanent vergrößert und mit ihm auch die gesamte Feldenergie. Nimmt die Feldenergie im Laufe der Zeit ständig zu, so ist klar, dass in das Feld mehr Energie hineinfließt, als aus ihm herausfließt.

Auch hier liegt die Anwendung für unseren neuen Zugang zur Vakuumenergie auf der Hand:

In analoger Art und Weise, wie wir in den Energiekreislauf zwischen Vakuumenergie elektrostatischer Feldenergie eingreifen können, sollten wir auch in den Energiekreislauf zwischen Vakuumenergie magnetostatischer Feldenergie eingreifen können. Auf beide Arten sollte demnach die Vakuumenergie im Labor greifbar gemacht werden können.

3. Theoretische Begründung der fließenden Energien

Gedanken über den in Abschnitt 2 aufgezeigten Energiefluß durch den Raum stehen notwendigerweise mit der Energiedichte des Raums in Beziehung, die noch heute als eines der ungelösten Rätseln der Physik bezeichnet wird [Giu 00]. Ein Teil dieser Energie des Raumes sollte anhand der Summation über die Energieeigenwerte aller Nullpunktsoszillationen des Vakuums (elektromagnetischer harmonischer Oszillationen bzw. Wellen) angegeben werden können [Whe 68], wobei allerdings die Möglichkeit nicht ausgeschlossen werden kann, dass das Raum darüberhinaus noch weitere Energieterme enthält. Das Problem bei der Summation der Energieeigenwerte aller Nullpunktsoszillationen des Vakuums ist die Divergenz des uneigentlichen Integrals über die Wellenvektoren ebendieser Nullpunktsoszillationen. Einen Lösungsansatz versucht die Geometrodynamik, der allerdings heute mit großer Skepsis betrachtet wird und der im Widerspruch zu Messungen der Astrophysik steht (siehe Abschnitt 3.5).

In Abschnitt 3 der vorliegenden Arbeit wird ein neuartiger Lösungsansatz aufgezeigt, der das Konvergenzproblem auf der Basis der Quantenelektrodynamik löst (die bekanntlich die Lösung uneigentlicher Integrale beinhaltet) und der zu realistisch erscheinenden Werten gelangt [e6]. Dafür ist ein einziges Postulat nötig: Bekanntlich wird die Ausbreitungsgeschwindigkeit elektromagnetischer Wellen durch elektrische und magnetische Gleichfelder beeinflusst [e7], [Eul 35], [Rik 00] [Bia 70], [Boe 02], [Ost 07]. **Das Postulat liegt nun in der Annahme, dass die Nullpunktsoszillationen des Vakuums dem selben Verhalten folgen.**

Darauf basierend wird die Energie der Nullpunktsoszillationen des Vakuums betrachtet, und der Bezug zu deren experimentellem Nachweis im Labor mit Hinweisen auf das in Abschnitt 4 beschriebene Experiment hergestellt.

3.1 Zur Vakuumenergie in der Quantenelektrodynamik

Bekanntlich werden in der Quantenelektrodynamik die Energieeigenwerte elektromagnetischer Wellen angegeben mit $\left(n+\frac{1}{2}\right)\hbar\omega$, wobei sich der Teilchenzahloperator n als Eigenwert zur Wellenfunktion ψ_n ergibt gemäß $\hat{a}^{\dagger}\hat{a}\psi_n = n\cdot\psi_n$ (mit $\hat{a}^{\dagger}$ als Erzeugungsoperator und $\hat{a}$ als Vernichtungsoperator). Sind keine Teilchen vorhanden, so ist $n=0$ und wir erhalten die Energieeigenwerte des physikalischen (idealen) Vakuums $|0\rangle$ (in Dirac'scher Schreibweise) durch Integration über alle Frequenzen ω bzw. über alle Wellenvektoren $\vec{k}$ im Impulsraum zu

$$E = \int \frac{1}{2}\hbar\omega \, d^3\vec{k} \tag{1.28}$$

(ohne Betrachtung der Polarisationszustände) [Man 93]. Bekanntlich divergiert dieses Integral, weil für kleine Wellenlängen $\lambda \to 0$ (die auch in jedem noch so kleinen Volumen vorhanden sind) die Beträge der Wellenvektoren $|\vec{k}| = \sqrt{k_x^2 + k_y^2 + k_z^2}$ und die Frequenzen ω gegen Unendlich laufen, sodaß sich eine unendliche Energie und auch eine unendliche Energiedichte ergibt. Normalerweise wird diese als Konstante ohne physikalische Bedeutung betrachtet und typischerweise durch eine geeignete Eichung eliminiert, nämlich durch Festlegung des Energienullpunktes beim Grundzustand $|0\rangle$ des Vakuums [Kuh 95].

Die Erzeugung eines Photons $\hat{a}^{\dagger}|0\rangle = |1\rangle$ führt dann zum angeregten Zustand einer harmonischen Schwingung, deren Energieeigenwert um $1 \cdot \hbar\omega_{\vec{k}} = \hbar c|\vec{k}|$ über dem des Grundzustandes liegt [Köp 97]. Die Propagation eines Photons im feldfreien Vakuum geht bekanntlich mit Lichtgeschwindigkeit vonstatten. Da aber die Ausbreitung elektrischer und magnetischer Felder durch den Austausch von Photonen beschrieben wird [Hil 96], müsste die logische Konsequenz sein, dass sich elektrische und magnetische Gleichfelder ebenfalls mit Lichtgeschwindigkeit ausbreiten. Die Übertragung dieser Konzeption auf Gleichfelder ist teilweise unüblich, ihr werden aber im Laufe des vorliegenden Artikels weitere Rechtfertigungen, unter anderem auch aus der Relativitätstheorie, hinzugefügt werden. Ihre Begründung wird im Rahmen des in der vorliegenden Arbeit vorgestellten Modells verständlich werden.

Der Tatsache, dass auch im Grundzustand $|0\rangle$ des „leeren" Vakuums noch die Energie der harmonischen Oszillationen elektromagnetischer Wellen vorhanden ist, trägt man üblicherweise mit Namensgebung der selben als Nullpunktsoszillationen Rechung. Deren Energie entsprechend (1.28) gibt die Vakuumenergie des Grundzustandes an. Will man auf sie zugreifen (z.B. auch zur Wandlung in andere Energieformen), so muss man sich über deren Natur Gedanken machen. Ein bekanntes Beispiel hierfür liefert der Casimir-Effekt [Cas 48], [Moh 98], [Bre 02], [Sve 00], [Ede 00], [Lam 97] bei dem eine „Kraft aus dem Nichts" (wie in vielen Literaturstellen diese Kraft aus dem Vakuum genannt wird), eben gerade auf die besagten Nullpunktsoszillationen zurückgeführt wird. Dabei wird betrachtet, in welcher Weise zwei elektrisch leitfähige Platten das Spektrum der Nullpunktsoszillationen des Vakuums beeinflussen. Das freie Vakuum (ohne diese beiden Platten) zeigt nämlich ein kontinuierliches Spektrum über alle denkbaren Wellenlängen, wohingegen im Innenraum zwischen den Platten nur die stehenden Wellen (der Nullpunktsoszillationen) vorhanden sind, weil das Vorhandensein der Platten einer Reflexion der Feldstärken an festen Enden entspricht, sodaß sich Schwingungsknoten an den Plattenoberflächen ergeben. Aus der Energiedifferenz zwischen den in den beiden zugehörigen zum Vergleich betrachteten Spektren ergibt sich dann die Energiedichte nach Casimir und die Casimir-Kraft zwischen den Platten.

Aus diesem Grund erscheint es hoffnungsvoll, die Suche nach der Manifestation und der Nutzung (bzw. der Wandlung) von Vakuumenergie in Anlehnung an den Casimir-Effekt überlegen zu wollen [e8]. Soll diese Wandlung in einem „endlosen" Prozeß stattfinden, so müsste man „nur" eine Möglichkeit finden, der Energie der Nullpunktsoszillationen habhaft zu werden, ohne dass sich dabei die Platten einander annähern. Dies wurde in der hier vorliegenden Arbeit entwickelt. Damit ist zwar die Anlehnung an den Casimir-Effekt klar, aber auch ein deutlicher Unterschied: Will man die Energie der Nullpunktsoszillationen in mechanische Energie umwandeln, so müssen sich die Platten zwar relativ zueinander bewegen, dürfen dabei aber nicht ihren Abstand ändern. Das wäre z.B. mit Hilfe einer geeigneten Drehbewegung vorstellbar. Den praktischen Aufbau dazu werden wir in Abschnitt 4 sehen.

Auch wenn der Casimir-Effekt einer der geistigen Wegbereiter zu der hier vorgestellten Manifestation der Nullpunktsoszillationen im Labor war, so ist doch klar, dass aufgrund der genannten Unterschiede zum Casimir-Effekt außer den dort verwendeten parallelen Metallplatten im Raum (deren Stellung zueinander für die vorliegende Arbeit verändert werden mußte) noch ein weiteres anderes Objekt benötigt werden muss. Dieses weitere Objekt könnte z.B. ein elektrisches (oder ein magnetisches) Feld sein, sofern es sich einrichten ließe, damit auf die Nullpunktsoszillationen zuzugreifen, wie nach Abschnitt 2 zu erwarten ist. Die tatsächlich stattgefundenen Experimente, bei denen es gelungen ist, die Existenz von Vakuumenergie und deren Umwandlung in klassische mechanische Energie nachgewiesen [e8, e9], werden dem Ansatz recht geben. Da das elektrische Feld in das Gebiet der klassischen Elektrodynamik führt, wurde das Funktionsprinzip erstmals in Gedankengängen der klassischen Elektrodynamik erläutert [e5, e9, e10]. Der geistige Brückenschlag von den Nullpunktsoszillationen zur klassischen Elektrodynamik findet sich in [e6]. Eine zentrale Rolle spielt dabei die Ausbreitung elektrischer und magnetischer Felder und deren Energie im Raum. Die entscheidende Kernfrage sucht damit nach dem Zusammenhang zwischen der Ausbreitung ebendieser Felder und den Nullpunktsoszillationen im Vakuum. Dazu kommen wir nachfolgend.

3.2 Bezug zum klassischen Modell der Vakuumenergie

Bevor wir uns der abschließenden Kernfrage aus Abschnitt 3.1 zuwenden können, sei der Bezug zum klassischen Modell nach Abschnitt 2 hergestellt, auf dessen Basis die Wandlung von Vakuumenergie (in mechanische Energie) bereits gelungen ist:

Elektrische und magnetische Felder als Objekte der klassischen Elektrodynamik werden üblicherweise in der klassischen Elektrodynamik als „überall im Raum gleichzeitig" beschrieben [Kli 03], d.h. man beachtet normalerweise nicht deren Propagation im Raum, sondern nur deren Anwesenheit. Für die meisten praktischen und technischen Anwendungen der Elektrodynamik (mit ihren kurzen Entfernungen und Geschwindigkeiten die vernachlässigbar klein sind im Vergleich zur Lichtgeschwindigkeit als Geschwindigkeit der Propagation) ist dies ausreichend. Inhaltlich entspricht dies aber einer Propagation mit unendlicher Geschwindigkeit, was im eklatanten Widerspruch zur Relativitätstheorie steht [Goe 96]. Danach müsste die Ausbreitung der Feldstärken zumindest als obere Grenze durch die Lichtgeschwindigkeit beschränkt sein [Chu 99]. Somit erscheint es sinnvoll, die Propagation der Felder mit Lichtgeschwindigkeit vorauszusetzen. Dies hat aber weitreichende Konsequenzen, unter anderem führt es auch zu der Folgerung, dass elektrische und magnetische Felder bei deren Propagation Energie an das Vakuum abgeben, wie man in Abschnitt 2 der vorliegenden Arbeit sah.

Auch wenn sich die dabei beschriebene Existenz der Energiekreisläufe im Vakuum bereits mit zwingender Logik aus elementaren Aussagen der klassischen Elektrodynamik ergibt, so werden ihre Hintergründe doch erst durch Betrachtung der inneren Struktur des Vakuums einleuchtend. Dazu betrachte man folgendes Modell:

Die Ausbreitung elektrischer und magnetischer Gleichfelder wird (im hier zu entwickelnden Modell) auf eine Beeinflussung der Wellenlängen der Nullpunktsoszillationen zurückzuführen sein, wobei sich ein direkter Bezug zwischen den Feldstärken und der Veränderung der Wellenlänge angeben lässt. Da nun aber aufgrund quantenelektrodynamischer Korrekturen auch die Nullpunktsoszillationen Vakuumpolarisationsereignisse hervorrufen (und nicht nur Photonen oberhalb der Nullpunktsoszillationen), geht im Laufe der Ausbreitung durch den Raum dem reinen Feld Energie verloren zugunsten jener Korrekturterme. Vakuumpolarisationsereignisse sind aber ihrerseits nicht an die Laufrichtung der Feldstärken gebunden und verteilen ihre Energie im Raum. Dies ist die „Senke", in der die Feldenergie im Laufe der Ausbreitung des Feldes verloren geht. Dies erklärt aber andererseits auch die Quelle aus der die Ladungen ihre Energie beziehen, aus der sie ständig Feldenergie erzeugen, um permanent Feldstärke zu emittieren, nämlich so: Der Transport von Feldenergie findet anhand der Wellenlängenänderungen der Nullpunktsoszillationen statt, und der Verlust von Feldenergie sowie deren Rücktransport zur Feldquelle findet anhand von Vakuumpolarisationsereignissen statt.

Dass diese Vorstellung nicht nur die Experimente zur Umsetzung von Vakuumenergie in mechanische Energie erklärt, sondern sogar noch eine Berechung der Energiedichte der Nullpunktsoszillationen erlaubt, wird man ebenfalls in den Abschnitten 3.3 und 3.4 sehen.

3.3 Neues mikroskopisches Modell zum elektromagnetischen Anteil der Vakuumenergie

Anmerkend sei darauf hingewiesen, dass hier nur die Zusammenhänge zwischen elektrischer und magnetischer Feldenergie einerseits und Vakuumenergie andererseits betrachtet werden sollen. Ob es noch weitere heute ungeahnte Objekte im Vakuum gibt, die weitere Beiträge zur Energie des Vakuums liefern, und wie viele solche Objekte das sein könnten, entzieht sich derzeit der menschlichen Kenntnis und soll nicht Gegenstand der vorliegenden Arbeit sein.

Klar ist jedoch, dass die eingangs erwähnten Nullpunktsoszillationen mit verschiedensten Effekten der Vakuumpolarisation (wie z.B. virtuelle Elektronen und Positronen) im Zusammenhang stehen [Fey 97], [Gia 00]. Also muss die Energie dieser Nullpunktsoszillationen mit jenen Objekten erklärbar sein. Mit anderen Worten: Gesucht wird nach einer Erklärung, um die Ausbreitung der elektrischen und der magnetischen Felder ebenso auf Objekte des Vakuums zurückzuführen, wie die Versorgung der Ladungsträger mit Energie.

Ein mögliches Modell hierzu ergibt sich in so überraschend einfacher Art und Weise, dass es nach der Sichtweise Occams als vorteilhaft zu bewerten ist [Sim 04], nach der die einfachste mögliche Erklärung die wünschenswerteste ist. Das Modell sei nachfolgend dargstellt. Die Überlegungen dazu gehen zurück auf das Jahr 1935, in dem Heisenberg und Euler [Hei 36] die quantentheoretische Berechnung des Lagrangeoperators für Photonen in elektrischen und magnetischen Feldern ausgearbeitet haben, der zufolge die Propagationsgeschwindigkeit der Photonen in ebendiesen Feldern niedriger sein sollte als im feldfreien Vakuum. Die Begründung liegt in der Vakuumpolarisation, deren Auswirkung auf den Lagrangeoperator Heisenberg und Euler berechnet haben. Der meßtechnische Nachweis zu dieser Berechnung ist derzeit in der Arbeit. Er galt bereits als erbracht [Zav 06], wurde später widerrufen [Zav 07], aber man geht davon aus, dass er in absehbarer Zeit vervollkommnet werden wird [Che 06], [Lam 07], [Bes 07].

Logisch gedankliche Konsequenz führt zu der Schlussfolgerung:

Wenn elektromagnetische Wellen (wie das Photon) in elektrischen und magnetischen Feldern verzögert propagieren (im Vergleich zum feldfreien Vakuum), dann müssten auch Nullpunktsoszillationen die selbe Verzögerung der Propagation erfahren, denn sie sind ebenfalls elektromagnetischer Natur. Damit verändern elektrische und magnetische Felder den Wellenvektor $\vec{k}$ und die Frequenz ω der Nullpunktsoszillationen. Dies zieht veränderte Energieeigenwerte der Nullpunktsoszillationen nach sich. Darin liegt eines der wesentlichen Fundamente der hier entwickelten theoretischen Überlegungen.

Daraus wird die Arbeitshypothese aufgestellt und dann auch überprüft und bestätigt:

Die Veränderung der Energie der Nullpunktsoszillationen müsste die Energie der elektrischen und magnetischen Felder erklären können.

Dies könnte z.B. in Anlehnung an Casimir's Überlegungen zu dem nach ihm benannten Effekt geschehen (siehe oben), indem man die Gesamtenergie des kontinuierlichen Spektrums der Nullpunktsoszillationen vor und nach dem Eingriff vergleicht. Bei Casimir besteht der Eingriff in das Vakuum in der Anbringung zweier leitender (elektrisch ungeladener) Platten. In unserem Fall besteht der Eingriff in der Vakuum in der Anbringung elektrischer oder magnetischer Felder. Gesucht ist also die Differenz der Gesamtenergie des Spektrums der Nullpunktsoszillationen im feldfreien Raum und im felderfüllten Raum. Diese Differenz der beiden Energiebeträge sollte dann den Energiegehalt der Felder erklären. Dass man dabei im Prinzip auf vergleichbare Konvergenzprobleme uneigentlicher Integrale stößt, wie Casimir, sollte ebenfalls wie bei Casimir eine lösbare Aufgabe sein. Im Prinzip lässt sich das mit renormalisierbarer Quantenfeldtheorie lösen [She 01], [She 03], siehe auch [Hoo 72], [Dow 78], [Bla 91]. Mathematische Methoden dazu könnten z.B. in Analogie zu [Kle 08] angewandt werden. Dass man aber besonders bequem zum Ergebnis kommt, wenn man anstelle dessen auf in der Literatur vorhandene Ergebnisse zurückgreift, zeigt die nachfolgende Berechnung:

Die Energiedichte des elektromagnetischen Feldes der Nullpunktsoszillationen lässt sich üblicherweise im Impulsraum leicht berechnen [She 01], und zwar aufgrund des Zusammenhangs zwischen dem Wellenvektor und dem Impuls $\vec{p} = \hbar \cdot \vec{k}$ gemäß

$$\left.\frac{E}{V}\right|_{NO} = s \cdot \int E_0(\vec{k}) \frac{d^3k}{(2\pi)^3} \quad , \tag{1.29}$$

wobei $E_0(\vec{k})$ das Energiespektrum der Nullpunktsoszillationen ist, sodaß über alle Impulse der Nullpunktsoszillationen integriert wird. Dabei kennzeichnet der Index „NO" die Energiedichte der „Nullpunktsoszillationen". Die Vakuumenergie entspricht der Übergangsamplitude $\langle 0|0 \rangle$ vom Vakuum ins Vakuum, die zu geschlossenen Schleifen virtueller Teilchen in Feynman-Diagrammen gehören. Da wir im weiteren Verlauf die verschiedenen Polarisationszustände einzeln (getrennt) betrachten wollen, erhält hier der Faktor „s" den Wert 1. Dem entsprechen die bekannten Energieeigenwerte $E_0(\vec{k}) = \left(n + \frac{1}{2}\right)\hbar\omega$ der Nullpunktsoszillationen im Grundzustand $n = 0$, also setzen wir $E_0(\vec{k}) = \frac{1}{2}\hbar\omega$ in (1.29) ein und erhalten

$$\left.\frac{E}{V}\right|_{NO} = \int \frac{1}{2}\hbar\omega \frac{d^3k}{(2\pi)^3} \quad . \tag{1.30}$$

Ferner ist aufgrund des nicht-Vorhandenseins einer Vorzugsrichtung (aufgrund der Symmetrie und Homogenität des Raumes) $\omega = c \cdot |\vec{k}|$, mit der Schreibweise in kartesischen Koordinaten $\omega = c \cdot \sqrt{k_x^2 + k_y^2 + k_z^2}$. Damit wird (1.30) zu

$$\left.\frac{E}{V}\right|_{NO} = \frac{1}{2} \cdot \int \hbar c \cdot \sqrt{k_x^2 + k_y^2 + k_z^2} \, \frac{dk_x \cdot dk_y \cdot dk_z}{(2\pi)^3} = \frac{1}{2}\hbar c \cdot \int |\vec{k}| \frac{d^3k}{(2\pi)^3} \quad . \tag{1.31}$$

Die Divergenz dieses uneigentlichen Integrals ist hinlänglich bekannt, da die Wellenvektoren $\vec{k}$ für beliebig kleine Wellenlängen gegen unendlich gehen – und alle diese Wellenlängen bzw. Wellenvektoren im Integral zu berücksichtigen sind.

In Anlehnung an die Gedankengänge Casimir's interessieren wird uns aber (wie oben erläutert) nicht für den Grenzwert dieses Integrals, sondern nur für die Differenz der Grenzwerte dieses Integrals mit unterschiedlichen $\vec{k}$-Vektoren, nämlich einerseits mit $\vec{k}$-Vektoren im feldfreien Raum und andererseits mit $\vec{k}$-Vektoren im felderfüllten Raum.

Das heißt, es ist

$$\left.\frac{E}{V}\right|_{FELD}=\left.\frac{E}{V}\right|_{NO,MIT}-\left.\frac{E}{V}\right|_{NO,OHNE}=\left(\frac{1}{2}\hbar c\cdot\int\left|\vec{k}_{NO,MIT}\right|\frac{d^3k}{(2\pi)^3}\right)-\left(\frac{1}{2}\hbar c\cdot\int\left|\vec{k}_{NO,OHNE}\right|\frac{d^3k}{(2\pi)^3}\right), \qquad (1.32)$$

wobei die Indizes „MIT" und „OHNE" für die Zustände mit bzw. ohne äußerem Feld stehen. Diese Differenz muss dann genau die Energiedichte des Feldes wiedergeben, was durch den Index „FELD" gekennzeichnet ist.

Das Modell ist nun zu testen, wobei das Testkriterium wie folgt lautet:

Es müssen sich die Energiedichten der Nullpunktsoszillationen des Vakuums $\left.\frac{E}{V}\right|_{NO}$ ausrechnen lassen, und zwar einerseits für den Fall, daß die Veränderung der $\vec{k}_{NO,MIT}$ – Vektoren durch Anlegen eines elektrostatischen Feldes hervorgerufen werden, andererseits aber auch für den Fall, daß die Veränderung der $\vec{k}_{NO,MIT}$ – Vektoren durch Anlegen eines magnetostatischen Feldes hervorgerufen werden. Da die Energiedichte der Nullpunktsoszillationen des Vakuums nicht vom Rechenweg abhängen darf, müssen wir beide Berechnungen betrachten und deren Ergebnisse vergleichen. Stimmig und richtig kann unser Modell nur sein, wenn beide Rechenwege zum selben Ergebnis für $\left.\frac{E}{V}\right|_{NO}$ führen. In diesem Sinne setzen wir elektrische bzw. magnetische Felder als zwei unterschiedliche „Sonden" ein, um die Energiedichte des Vakuums zu analysieren.

Wir beginnen mit einer allgemeinen Vorbemerkung, die für beide Rechenwege gilt, um uns im Anschluß daran den beiden Rechenwegen getrennt zuzuwenden. In [Boe 07] wird der aus [Hei 36] bekannte Heisenberg-Euler-Lagrangeoperator in handlichen SI-Einheiten angegeben mit

$$\begin{aligned} L &= -\frac{c^2\varepsilon_0}{4}F_{\mu\nu}F^{\mu\nu}+\frac{\alpha^2\hbar^3\varepsilon_0^2}{90m_e^4c}\left[\left(F_{\mu\nu}F^{\mu\nu}\right)^2+\frac{7}{4}\left(\tilde{F}_{\mu\nu}\tilde{F}^{\mu\nu}\right)^2\right] \\ &= \frac{\varepsilon_0}{2}\left(\vec{E}^2-c^2\vec{B}^2\right)+\frac{2\alpha^2\hbar^3\varepsilon_0^2}{45m_e^4c^5}\left[\left(\vec{E}^2-c^2\vec{B}^2\right)^2+7c^2\left(\vec{E}\cdot\vec{B}\right)^2\right], \end{aligned} \qquad (1.33)$$

wo m_e für die Masse der Elektronen steht, und die übrigen Symbole im üblichen Sinne verwendet werden.

Darauf basierend gibt es eine Reihe von Arbeiten (z.B. [Lam 07], [Hec 05], [Lig 03], [Rik 00], [Rik 03], [Riz 07], [Sch 07], [Zav 07]), die daraus die Propagationsgeschwindigkeit elektromagnetischer Wellen in elektrischen, in magnetischen und in elektromagnetischen Feldern bestimmt haben. Da wir (nach dem obigen Postulat) diese Propagationsgeschwindigkeit auch den elektromagnetischen Wellen der Nullpunktsoszillationen zusprechen wollen, seien aus diesen Arbeiten die Propagationsgeschwindigkeiten entnommen. Daraus werden sich dann die Einflüsse der externen (elektrischen bzw. magnetischen) Felder auf die $\vec{k}$ – Vektoren bestimmen lassen und daraus wiederum die Energiedichte der Nullpunktsoszillationen des Vakuums $\left.\frac{E}{V}\right|_{NO}$. Diese Ergebnisse beinhalten die Lösungen der oben erwähnten uneigentlichen Integrale.

Wir führen dies nun für die beiden nach Art der Felder getrennten Rechenwege durch, und zwar erstens für das magnetische Feld und zweitens für das elektrische Feld.

1. Rechenweg → Zur Bestimmung von $\left.\frac{E}{V}\right|_{NO}$ bei Anlegen eines magnetischen Feldes:

Nach [Boe 07] wird die Veränderung der Propagationsgeschwindigkeit elektromagnetischer Wellen aufgrund eines magnetischen Feldes beschrieben durch

$$1-\frac{v}{c}=a\cdot\frac{\alpha^2\hbar^3\varepsilon_0}{45\,m_e^4c^3}\cdot\left|\vec{B}\right|^2\cdot\sin^2(\theta)=\begin{cases}5.30\cdot10^{-24}\,\frac{1}{T^2}\cdot\left|\vec{B}\right|^2\cdot\sin^2(\theta) & \text{für } a=8,\ \parallel\text{-Modus}\\ 9.27\cdot10^{-24}\,\frac{1}{T^2}\cdot\left|\vec{B}\right|^2\cdot\sin^2(\theta) & \text{für } a=14,\ \perp\text{-Modus}\end{cases} \quad (1.34)$$

$$\left(\text{mit } \left|\vec{B}\right| \text{ in Tesla}\right),$$

worin die Ausbreitungsrichtung des Photons und die Richtung des magnetischen Feldes im Winkel θ zueinander stehen und gemeinsam eine Ebene definieren, die den Bezug für die Zuordnung des $\parallel$-Modus ($a=8$) und des $\perp$-Modus ($a=14$) der Polarisation liefert. Dabei steht v für die Ausbreitungsgeschwindigkeit mit anliegendem Feld und c für die Ausbreitungsgeschwindigkeit ohne Feld. Die Differenz der beiden ergibt die Cotton-Mouton-Doppelbrechung (in unserem Falle die des Vakuums) von

$$\Delta n_{Cotton-Mouton}=\left(1-\frac{v}{c}\right)_{\perp}-\left(1-\frac{v}{c}\right)_{\parallel}=3.97\cdot10^{-24}\,\frac{1}{T^2}\cdot\left|\vec{B}\right|^2\cdot\sin^2(\theta)\ , \quad (1.35)$$

die speziell für $\theta=90°$ von [Rik 00] quantitativ bestätigt wird, ebenso von [Bia 70]. Die letztgenannte Arbeit wird häufig als „Meilenstein" auf dem Wege zum Verständnis der Ausbreitung elektromagnetischer Wellen in elektrischen und magnetischen Gleichfeldern genannt, da sie erstmals konkrete quantitative Vorhersagen zur Messung der Doppelbrechung (und damit auch zur Ausbreitungsgeschwindigkeit) elektromagnetischer Wellen in den genannten Feldern angibt.

Den Zusammenhang zwischen der Frequenz ω und der Propagationsgeschwindigkeit der elektromagnetischen Wellen entnehmen wir der Tatsache, dass der Integrationsbereich über die $\vec{k}$ – Vektoren mit und ohne Feld der selbe ist. Damit ist wegen $\omega = c \cdot |\vec{k}|$ das $\frac{\omega}{c}$ unabhängig davon, ob ein Feld anliegt oder nicht, also gilt die Verhältnisgleichung

$$\frac{\omega_{OHNE}}{c} = \frac{\omega_{MIT}}{v} \quad \Rightarrow \quad \omega_{MIT} \cdot c = \omega_{OHNE} \cdot v \quad \Rightarrow \quad \omega_{MIT} = \omega_{OHNE} \cdot \frac{v}{c} , \tag{1.36}$$

worin c die Propagationsgeschwindigkeit ohne v die Propagationsgeschwindigkeit mit Feld ist.

Im übrigen ist die Energiedichte des magnetischen Feldes entsprechend der klassischen Elektrodynamik [Jac 81] bekannt gemäß

$$\left.\frac{E}{V}\right|_{FELD} = \frac{\mu_0}{2} \cdot \vec{H}^2 = \frac{1}{2\mu_0} \cdot \vec{B}^2 \ . \tag{1.37}$$

Die Gleichungen (1.30) und (1.32) führen also unter zusätzlicher Berücksichtigung von (1.36) zu dem Ausdruck

$$\begin{aligned} \frac{1}{2\mu_0} \cdot |\vec{B}|^2 = \left.\frac{E}{V}\right|_{FELD} &= \int \frac{1}{2}\hbar \cdot \omega_{NO,OHNE} \frac{d^3k}{(2\pi)^3} - \int \frac{1}{2}\hbar \cdot \omega_{NO,MIT} \frac{d^3k}{(2\pi)^3} \\ &= \int \frac{1}{2}\hbar \cdot \omega_{NO,OHNE} \frac{d^3k}{(2\pi)^3} - \int \frac{1}{2}\hbar \cdot \omega_{NO,OHNE} \cdot \frac{v}{c} \frac{d^3k}{(2\pi)^3} . \end{aligned} \tag{1.38}$$

Weiter nach Glg.1.35 folgt $\Rightarrow \quad \frac{1}{2\mu_0} \cdot |\vec{B}|^2 = \left.\frac{E}{V}\right|_{FELD} = \left(1 - \frac{v}{c}\right) \cdot \left(\int \frac{1}{2}\hbar \cdot \omega_{NO,OHNE} \frac{d^3k}{(2\pi)^3} \right),$ (1.39)

denn die äußeren Felder verändern, der Modellannahme folgend, mit der Frequenz den Energiegehalt jeder einzelnen quantenmechanischen Nullpunktsoszillation.

In diesen Ausdruck sei nun (1.34) eingesetzt, wodurch wir in die Lage kommen, direkt den Energiegehalt der Summe aller quantenmechanischen Nullpunktsoszillationen anzugeben, da die Feldstärke des magnetischen Feldes, mit dem diese Nullpunktsoszillationen angeregt werden konnten, entfällt:

$$\frac{1}{2\mu_0}\cdot\left|\vec{B}\right|^2=\left(1-\frac{v}{c}\right)\cdot\int\frac{1}{2}\hbar\cdot\omega_{NO,OHNE}\frac{d^3k}{(2\pi)^3}=a\cdot\frac{\alpha^2\hbar^3\varepsilon_0}{45m_e^4c^3}\cdot\left|\vec{B}\right|^2\cdot\sin^2(\theta)\cdot\int\frac{1}{2}\hbar\cdot\omega_{NO,OHNE}\frac{d^3k}{(2\pi)^3} \tag{1.40}$$

$$\Rightarrow\quad\int\frac{1}{2}\hbar\cdot\omega_{NO,OHNE}\frac{d^3k}{(2\pi)^3}=\frac{1}{2\mu_0}\cdot\frac{1}{a}\cdot\frac{45m_e^4c^3}{\alpha^2\hbar^3\varepsilon_0}=\frac{1}{a}\cdot\frac{45m_e^4c^5}{2\cdot\alpha^2\hbar^3}=\frac{1}{a}\cdot 6.007\cdot 10^{30}\frac{J}{m^3}, \tag{1.41}$$

bei einer Anregung unter $\theta=90°$, mit m_e = Elektronenmasse und α = Hyperfeinstrukturkonstante.

Damit sind die Konvergenzprobleme der uneigentlichen Integrale über das Spektrum der Nullpunktsoszillationen auf vorhandene Lösungen in der Literatur zurückgeführt. Das Einsetzen irgendwelcher Integrationsgrenzen, z.B. durch Abschneidefunktionen (mit dem zugehörigen Ringen um Begründungen) wird damit hinfällig, um einen endlichen Wert für das Integral zu finden. In diesem Sinne wurde hier die Energiedichte der Nullpunktsoszillationen im Vakuum bestimmt. Es sei daran erinnert, dass bei der Berechung der Einfluß magnetischer Felder, die gleichsam als „Meßsonde" zum Anregen der Nullpunktsoszillationen dienten, eliminiert wurde.

Man sieht auch, dass die $\perp$-Moden und die □-Moden die Nullpunktsoszillationen unterschiedlich stark anregen können, was aber prinzipiell nicht die Antwort auf die grundlegende Frage der Energiedichte des Vakuums beeinflussen darf, ebenso wenig die grundsätzliche Frage nach dem Anteil der elektromagnetischen Wellen der Nullpunktsoszillationen an der Energiedichte des Vakuums. Dass unterschiedliche Moden, vergleichbar mit unterschiedlichen Messsonden, Schwingungen unterschiedlich anregen, müssen wir allerdings durchaus beachten, wenn wir eine messbare Größe angeben wollen, nicht aber bei der prinzipiellen Angabe der Energiedichte des Vakuums bzw. deren elektromagnetischer Nullpunktsoszillationen.

Eine solche messbare Größe sei nun angegeben, damit wir in die Lage kommen, unser Ergebnis des ersten Rechenweges mit einem messbaren Ergebnis des zweiten Rechenweges vergleichen zu können, nämlich die Doppelbrechung des Vakuums, die bei sehr vielen Arbeiten zur Ausbreitung elektromagnetischer Wellen in elektrischen und in magnetischen

Feldern als zentrale Meßgröße betrachtet wird (siehe oben: [Lam 07], [Lig 03], [Rik 00], [Rik 03], [Riz 07], [Sch 07], [Zav 07]).

Dies geschieht wie folgt:

Auch die Differenz, die zur Meßgröße der Doppelbrechung führt, muss mit der Energiedichte des Vakuums korrespondieren, also

$$a_{\perp}\cdot\left[\int\frac{1}{2}\hbar\cdot\omega_{NO,OHNE}\frac{d^3k}{(2\pi)^3}\right]-a_{\parallel}\cdot\left[\int\frac{1}{2}\hbar\cdot\omega_{NO,OHNE}\frac{d^3k}{(2\pi)^3}\right]=\frac{45\,m_e^4c^3}{\alpha^2\hbar^3\varepsilon_0} \tag{1.42}$$

$$\Rightarrow\quad(14-8)\cdot\left[\int\frac{1}{2}\hbar\cdot\omega_{NO,OHNE}\frac{d^3k}{(2\pi)^3}\right]_{\perp-\parallel}=\frac{45\,m_e^4c^5}{2\cdot\alpha^2\hbar^3}=6.007\cdot10^{29}\frac{J}{m^3} \tag{1.43}$$

$$\Rightarrow\quad\left[\int\frac{1}{2}\hbar\cdot\omega_{NO,OHNE}\frac{d^3k}{(2\pi)^3}\right]_{\perp-\parallel}=\frac{1}{a_{\perp}-a_{\parallel}}\cdot\frac{45\,m_e^4c^5}{2\cdot\alpha^2\hbar^3}=\frac{1}{14-8}\cdot6.007\cdot10^{29}\frac{J}{m^3}$$

$$=1.001\cdot10^{29}\frac{J}{m^3} \tag{1.44}$$

Diesen Wert einer möglichen Meßgröße, der sich aus einer elementaren Überlegung zur Doppelbrechung aus der Energiedichte der Nullpunktsoszillationen ergibt, müssen wir für den späteren Vergleich mit der vergleichbaren Meßgröße aus dem zweiten Rechenweg in Erinnerung behalten. Dabei sei angemerkt, dass dieser Wert im ersten Rechenweg aus der Ausbreitung elektromagnetischer Wellen in magnetischen Feldern erhalten wurde, beim zweiten Rechenweg hingegen wird er aus der Ausbreitung elektromagnetischer Wellen in elektrischen Feldern berechnet werden.

2. Rechenweg → Zur Bestimmung von $\left.\frac{E}{V}\right|_{NO}$ bei Anlegen eines elektrischen Feldes:

Die Kerr-Doppelbrechung elektromagnetischer Wellen in elektrischen Feldern beläuft sich dem Betrage nach laut [RIK 00] auf

$$\Delta n_{Kerr}\approx4.2\cdot10^{-41}\frac{m^2}{V^2}\cdot\left|\vec{E}\right|^2 \tag{1.45}$$

(mit Angabe der elektrischen Feldstärke in V/m), wobei die letztgenannte Stelle bereits Rundungsungenauigkeiten aufweisen kann. Den Wert findet man ebenfalls durch [Bia 70] bestätigt.

Damit lässt sich der Absolutbetrag der Energiedichtedifferenz in Analogie zu (1.44) hinschreiben gemäß

$$\frac{\varepsilon_0^2}{2}\left|\vec{E}\right|^2 = \Delta n_{Kerr} \cdot \left[\int \frac{1}{2}\hbar \cdot \omega_{NO,OHNE} \frac{d^3k}{(2\pi)^3} \right] \tag{1.46}$$

$$\Rightarrow \quad \int \frac{1}{2}\hbar \cdot \omega_{NO,OHNE} \frac{d^3k}{(2\pi)^3} \approx \frac{\frac{\varepsilon_0^2}{2}\left|\vec{E}\right|^2}{-4.2 \cdot 10^{-41} \frac{m^2}{V^2} \cdot \left|\vec{E}\right|^2} \approx 1.0 \cdot 10^{29} \frac{J}{m^3} \tag{1.47}$$

Hier wurde die Energiedichte des Vakuums mit Hilfe eines elektrischen Feldes (gleichsam als „Sonde") beobachtet, wobei sich wieder bei der Angabe des Ergebnisses die Eigenschaft der Sonde eliminieren lässt. Da die Energiedichte des Vakuums nicht von der „Sonde" abhängen darf, mit deren Hilfe man sie bestimmt, müssen die beiden Rechenwege Nr.1 und Nr.2 zum selben Ergebnis führen. Dass sie das in der Tat tun, bestätigen die dargestellten Überlegungen und auch die zugehörigen Rechenwege. Offensichtlich ist das hier entworfene Konzept wirklich eine Möglichkeit zur Lösung der Konvergenzprobleme der Integrale in den Gleichungen (1.29), (1.30) und (1.31).

Der Vollständigkeit halber sei zur Erinnerung wiederholt, dass mit den genannten Werten nicht die Energiedichte des Vakuums im Allgemeinen angegeben werden soll, sondern lediglich die Energiedichte der elektromagnetischen Nullpunktsoszillationen, die für die Anregung durch elektrische und magnetische Felder zur Verfügung stehen. Wieviel Energiedichte durch andere Mechanismen oder durch virtuelle Teilchen anderer fundamentaler Wechselwirkungen (und vieles andere mehr) noch hinzukommt, ist nicht Thema der vorliegenden Arbeit. Während aber Vakuumpolarisationsereignisse eine Rolle bei der Propagation elektrischer und magnetischer Felder spielen, kommt den anderen Wechselwirkungen in diesem Zusammenhang keine Rolle zu. Wir sind uns aber im Klaren darüber, dass die Wandlung von Vakuumenergie, über deren Theorie in der vorliegenden Arbeit nachgedacht wird, sich nur auf den elektromagnetischen Anteil ebendieser Vakuumenergie beschränkt.

3.4 Der Energiefluß elektrischer und magnetischer Felder im Vakuum, erklärt anhand QED-Nullpunktsoszillationen

Bis hier ist das in Abschnitt 3 eingeführte Modell in der Lage, die Ausbreitung elektrischer und magnetischer Gleichfelder im Vakuum zu erklären. Die einzige Voraussetzung, die es benötigt, ist von überraschender Einfachheit:

Aus verschiedenen Literaturstellen ist für angeregte Zustände ($n \geq 1$) bekannt, dass die Propagation elektromagnetischer Wellen im Raum im Zustand $|n\rangle$ von elektrischen und von magnetischen Feldern beeinflusst wird. Die Einbeziehung des Grundzustandes (für $n = 0$) in den Gültigkeitsbereich dieser Erkenntnis ist alles, was unser Modell als Voraussetzung benötigt – eine Annahme, die plausibel und logisch konsequent erscheint. Und dann bedeutet das Ausbreiten elektrischer und/oder magnetischer Felder nichts weiter als eine Veränderung der Frequenzen und der Wellenlängen derjenigen elektromagnetischen Wellen, die die Nullpunktsoszillationen des Grundzustandes ausmachen.

Nun geht das Ziel der vorliegenden Arbeit weiter. Wir müssen eine Möglichkeit finden, die Energie des Vakuums im Labor greifbar zu machen. Dazu wird eine Erklärung des in Abschnitt 2 dargestellten Energieflusses der Feldenergien und der Vakuumenergie im Raum benötigt, und zwar für magnetostatische Felder ebenso wie für elektrostatische Felder (gemeint sind immer Gleichfelder, nicht Wechselfelder). Sobald dieser Energiefluß verständlich ist, können wir auch ein Experiment zur Wandlung von Vakuumenergie in mechanische Energie planen und erklären. Die Erklärung der Energieflüsse geschieht wie folgt:

Wir beginnen mit der Erklärung zur Ausbreitung der Felder, also mit der Antwort auf die Frage, in welcher Weise der Raum dem Feld permanent während dessen Propagation Energie entzieht, und in welcher Weise der Raum die Feldquellen mit dieser zuvor dem Feld entzogenen Energie wieder versorgt. Das geht so:

Den in Abschnitt 3 erwähnten quantenelektrodynamischen Korrekturen im Heisenberg-Euler-Lagrangeoperator entsprechen Energieterme (sonst wären die Korrekturen nicht im Lagrangeoperator enthalten). Mit jedem solchen Energieterm korrespondiert ein Vakuumpolarisationsereignis. Das gilt für die von Heisenberg und Euler berücksichtigten Energieterme in gleicher Weise wie für weitere Korrekturen höherer Ordnungen, also für verschiedenste Effekte der Vakuumpolarisation in höherer Ordnung. Zur Energie dafür liefern natürlich auch die Nullpunktsoszillationen ihren Beitrag (sonst wären sie ja nicht durch die Felder beeinflusst worden) und damit in letzter Konsequenz natürlich das Feld. Auch wenn Vakuumpolarisationsereignisse die Energie nur temporär während ihres Stattfindens benötigen, so laufen aufgrund der Größe der Wahrscheinlichkeitsamplituden für deren Stattfinden ständig eine gewisse Anzahl solcher Ereignisse gleichzeitig ab [Fey 85], [Fey97], [Fey 49a], [Fey 49b], [Sch 49]. Die Situation beschreibt einen statistischen Fluß, in dem eine gewisse Anzahl von Vakuumpolarisationsereignissen in einem gewissen Zeitintervall dem Feld eine gewisse Energie entziehen – solange sie immer wieder erneut stattfinden, d.h. solange Ladung und Feld existieren. Die Situation beschreibt einen dynamischen Gleichgewichtsprozeß.

Mit anderen Worten: In unserem Modell würde das Feld bei seiner Propagation (aufgrund seiner Feldenergie) verschiedenste Prozesse der Vakuumpolarisation anregen – und dadurch dem Feld genau so viel Energie entziehen, dass die Feldstärken den bekannten Gesetzen der klassischen Elektrodynamik folgen (also z.B. im Falle einer Punktladung als Feldquelle dem Coulombgesetz.) Und die Energie, die die Vakuumpolarisationsereignissen dem Feld entziehen wird durch die Dissipation von Energie durch das Vakuum beim Ausbreiten der Felder beschrieben.

Der umgekehrte Prozeß ist die Versorgung der Ladung als Feldquelle mit Energie. Er müsste in umgekehrter Weise verständlich werden: Die Tatsache, dass Vakuumpolarisationsereignisse nicht nur endliche Ausdehnung in der Zeit, sondern auch endliche Ausdehnung im Raum beanspruchen, führt dazu, dass die mit ihnen verbundene Energie statistisch im Ablauf einer gewissen Zeit durch Raum diffundieren kann. Und damit erklärt sich der Energiefluß: Offensichtlich bildet sich auf diese Weise ein Energiefluß, der einerseits dafür sorgt, dass der vom Feld erfüllte Raum einen Teil seiner Feldenergie abgibt (siehe Gleichungen (1.12), (1.13), (1.14), (1.15) für elektrische Felder und Gleichungen (1.18), (1.22), (1.23), (1.24) für magnetische Felder), der andererseits aber auch Energie zur Verfügung stellt, die die Feldquellen in Feld (mit Feldenergie) umwandeln können.

Es muss aber nicht zwingend gefordert werden, dass jede Ladung aus der zuvor von ihr selbst emittierten Feldenergie wiederversorgt wird. (Diese Energie kann ebensogut aus den Feldern anderer Feldquellen entnommen werden.) Hingegen muss zwingend gefordert werden, dass jede Ladung permanent mehr Energie aus dem Raum aufnimmt als ihre Felder an den Raum abgeben, die also zuvor nicht in ihrem Feld enthalten war. Der Grund ist simpel: Da sich das (statische) Feld jeder Ladung im Laufe der Zeit im Raum ausbreitet, wächst die Gesamtenergie über das gesamte Feld (aufgrund der konstanten Feldstärken und der wachsenden felderfüllten Volumina) permanent an, was zusätzlich auch noch zur Folge hat, dass die in den vom Feld begünstigten Vakuumpolarisationsereignissen enthaltene Gesamtenergie auch ständig im Laufe der Zeit wächst. Für all diese Vorgänge benötigt die Feldquelle Energie, die sie nur aus dem Raum (eben aus Vakuumpolarisationsereignissen) beziehen kann. Im übrigen spielt es für unser Modell keine Rolle, über die Art und den Mechanismus nachzudenken, mit dem die Feldquelle die Umwandlung von Energie (z.B. der Vakuumpolarisationsereignisse) in Feldenergie bewerkstelligt.

In der Sprechweise der Teilchenphysik entsprechen den Nullpunktsoszillationen (weil es sich dabei um elektromagnetische Wellen handelt) bosonische Quantenfeldfluktuationen, den Vakuumpolarisationsereignissen (die virtuelle Elektronen und Positronen beinhalten) hingegen fermionische Quantenfeldfluktuationen [She 01], [She 03]. Deren (für die Ereignisse der Vakuumpolarisation nötigen) Umwandlung ineinander geht dann über Prozesse wie (virtuelle) Paarbildung und Annihilation vonstatten. Speziell im Zusammenhang mit den elektrischen bzw. magnetischen Feldern hängen dann die Wahrscheinlichkeitsamplituden für das Auftreten solcher Umwandlungsprozesse zwischen diesen beiden Arten der Quantenfeldfluktuationen ganz offensichtlich von den Feldstärken der propagierenden Gleichfelder ab und somit auch vom Abstand zur Feldquelle.

Wie groß der Energieverlust der Felder im Laufe der Propagation ist (der eine Aussage über die Wahrscheinlichkeitsamplituden der Vakuumpolarisationsereignisse ermöglichen sollte), lässt sich durch eine einfache klassische Überlegung aufgrund (1.12) und (1.13) aufzeigen und wurde in (1.15) angegeben für das Beispiel einer mit elektrischem Feld erfüllte Kugelschale, die bei der Propagation von $x_1 \ldots x_1 + c \cdot \Delta t$ nach $x_2 \ldots x_2 + c \cdot \Delta t$ den Energiebetrag $\Delta E = E_{\substack{Schale \\ innen}} - E_{\substack{Schale \\ außen}} \approx \frac{Q^2}{8\pi\varepsilon_0} \cdot \frac{2 \cdot c \cdot \Delta t \cdot \Delta x}{x_1^3}$ verliert.

Speziell für die Energieabgabe des Feldes an den Raum gilt: Die Rate der Vakuumpolarisationsereignisse (also letztlich deren Wahrscheinlichkeitsamplituden) ist verantwortlich für die im Laufe seiner Ausbreitung vom Feld an den Raum abgegebene Energie.

Schließlich stellt sich noch die Frage, in welcher Weise eine Experimentieranordnung aufgebaut werden muss, die in der Lage sein soll, Vakuumenergie in mechanische Energie umzuwandeln. Dass ein Rotor als Bestandteil eines Kondensators geeigneter Geometrie dazu in der Lage ist, werden wir in Abschnitt 4 sehen. Aber wir wollen bereits jetzt darüber nachdenken, in welcher Weise oder aufgrund welchen Mechanismus dieser Rotor dem Feld Energie entzieht.

Die Antwort muss natürlich auf die Feldenergie zurückgehen, da die energiewandelnde Bewegung des Rotors durch elektrostatische Kräfte (oder im Falle des magnetischen Rotors durch magnetostatische Kräfte) erklärt wird. Nach unserem Modell, greift der Rotor in den Energiekreislauf zwischen Quelle und Raum ein und entzieht diesem Energiefluß diejenige Energie, die ihn antreibt – und zwar im Detail wie folgt:

Diejenige Energie, die in Form von Feldstärken direkt im Feld gespeichert ist, verändert die Wellenlängen der Nullpunktsoszillationen (siehe oben). Hervorgerufen wird dies von der elektrisch geladenen Feldquelle, alleine schon aufgrund der Tatsache, dass sie ein Feld erzeugt. Wie bereits vom Casimir-Effekt her bekannt ist, blockieren leitende Metallplatten die Ausbreitung der Nullpunktsoszillationen. Übertragt man dieses Prinzip auf unser Experiment, so lässt sich folgern, dass auf der der Feldquelle zugewandten Seite die durch die Feldstärke veränderten Wellenlängen vorliegen, auf der der Feldquelle abgewandten Seite hingegen anderen Wellenlängen, die nicht durch die von der Feldquelle erzeugten Feldstärken beeinflusst werden, also die Wellenlängen des feldfreien Raumes, (sofern nicht von anderswoher Felder dorthin gelangen). Dadurch werden die Wellenlängen auf den beiden Seiten jedes Rotorblattes unterschiedlich sein, was aus Gründen der Energieerhaltung nur möglich ist, wenn die Rotorblätter für den Ausgleich der Differenzenergie sorgen und die entsprechenden Kräfte ausgleichen. Dass die Rotorblätter tatsächlich Energie aufnehmen (und nicht welche aufbringen müssen) hat seine Ursache darin, dass sie aufgrund ihrer Leitfähigkeit dem Feld Energie entziehen, denn sie sorgen dafür, dass die der Feldquelle abgewandte Seite weniger Feldenergie (von der Quelle) enthält als die dem der Feldquelle zugewandte Seite.

Letztlich ist es also der Energiefluß der von der Feldquelle auf die Rotorblätter trifft, welcher für den Antrieb des Rotors verantwortlich ist: Die Feldquelle wandelt Vakuumenergie in Feldenergie um, und zwar in der Form, dass die Nullpunktsoszillationen ihre Wellenlängen verändern. Diese Veränderung passiert am Ort des Rotorblattes schlagartig. Der damit verbundene Energiestrom geht auf dem Weg von der Feldquelle zum Rotor teilweise an den Raum verloren, ruft aber mit dem am Rotor ankommenden Teil eine antreibende Kraft auf den Rotor hervor. Im übrigen müsste man, wenn man die Bewegung des Rotors aus Prinzipien der Quantenelektrodynamik ausrechnen wollte, auch über eine Rückwirkung der leitfähigen Platten (des Rotors) auf die Nullpunktsoszillationen im Raum zwischen den Rotorplatten und der Feldquelle nachdenken. Bequemer gelingt das mit der in der klassischen Elektrodynamik bekannten Methode der Spiegelladungen [Bec 73], nach der in Abschnitt 4 die Kraft auf die Rotorblätter im Feld einer Feldquelle tatsächlich berechnet werden wird.

3.5 Vergleiche des QED-Modells mit anderen Modellen

Wir wollen nun unsere Angaben zur Energiedichte des Vakuums im Kontext anderer physikalischer Aussagen interpretieren und diskutieren. (Das Wort „Vakuum" wird hier als Synonym für das Wort „Raum" benutzt.) Zu den bereits vorhandenen Ergebnissen des Modells zählen unter anderem auch quantitative Angaben zu demjenigen Anteil der Energiedichte des Raumes, der für die elektromagnetischen Nullpunktsoszillationen verantwortlich ist. Man verwechsele diese in Abschnitt 3 genannten Werte aber nicht mit der Energiedichte des Universums, die in der Kosmologie angegeben wird, da sich die letztgenannte auf die gesamte Energiedichte des Universums bezieht und anhand der Gravitationswirkung der im Vakuum enthaltenen Energie bestimmt wird. In der vorliegenden Arbeit wird nur ein Teil dieser Gesamtenergiedichte betrachtet, möglicherweise ist dies nur ein sehr geringer Anteil davon.

Bekanntlich ist die Frage nach der Energiedichte des Universums eines der größeren zur Zeit ungelösten Rätsel der Physik und überdies die größte derzeit bekannte Diskrepanz (von mehr als 120 Zehnerpotenzen) zwischen unstimmigen aber vergleichbaren Aussagen verschiedener Fachgebiete der Physik. So gibt es einerseits in der Kosmologie eine ganze Reihe von Arbeiten (siehe z.B. [e1], [GIU 00], [TEG 02], [EFS 02], [TON 03], [RIE 98]), die sich mit der Materiedichte ρ_M bzw. der Energiedichte ρ_{grav} des Universums befassen, und die aufgrund der Expansion des Universums im Mittel zu Werten gelangen in etwa im Bereich von

$$\rho_M \approx (1.0 \pm 0.3) \cdot 10^{-26} \frac{kg}{m^3} \quad \Rightarrow \quad \rho_{grav} = c^2 \cdot \rho_M = (9.0 \pm 0.27) \cdot 10^{-10} \frac{J}{m^3} \tag{1.48}$$

Diese im Zusammenhang mit der gravitativ bedingten Änderung der Expansionsgeschwindigkeit des Universums beobachtete Energiedichte steht im Widerspruch zu einer Hypothese der Geometrodynamik [Whe 68]. Letztere ergibt sich aufgrund der Idee, die Nullpunktsoszillationen hinsichtlich der Wellenlänge auf Werte oberhalb der Planck-Länge $L_P = \sqrt{\frac{h \cdot G}{c^3}} \approx 4.05 \cdot 10^{-35} m$ [Tip 03] zu begrenzen und somit bei der Berechnung der Energiedichte des Vakuums das uneigentliche Integral über die Energien aller Nullpunktsoszillationen durch ein eigentliches Integral (mit Integralgrenzen) zu ersetzen. Dabei handelt es sich dem Prinzip nach um eine besonders einfache Abschneidefunktionen ähnlich der Möglichkeit zur Umgehung der Divergenz der uneigentlichen Integrale bei den Gleichungen (1.40) und (1.41). (Der Faktor 2 vor dem Integral repräsentiert die beiden möglichen Polarisationszustände.):

$$\left.\frac{E}{V}\right|_{GD} = 2 \cdot \int_{|\vec{k}|=\frac{2\pi}{\infty}}^{\frac{2\pi}{L_P}} E_0\left(|\vec{k}|\right) \frac{d^3k}{(2\pi)^3} = 2 \cdot \int_{|\vec{k}|=\frac{2\pi}{\infty}}^{\frac{2\pi}{L_P}} \tfrac{1}{2}\hbar\omega \frac{d^3k}{(2\pi)^3} = 2 \cdot \underbrace{\int_0^{\frac{2\pi}{L_P}} \tfrac{1}{2}\hbar c|\vec{k}| \cdot |\vec{k}|^2 \frac{dk}{2\pi^2}}_{\text{Umrechnung in Kugelkoordinaten nach [KUH95]}} \tag{1.49}$$

$$= 2 \cdot \frac{\hbar c}{4\pi^2} \cdot \frac{1}{4}\left(\frac{2\pi}{L_P}\right)^4 = \frac{2\hbar c\pi^2}{L_P^4} = 3.32 \cdot 10^{+113} \frac{J}{m^3}$$

Wie stellt sich der Wert der vorliegenden Arbeit nun auf dem Hintergrund derartiger Diskrepanzen dar?

Nun – der Wert aus (1.49) wird im allgemeinen sehr skeptisch betrachtet, da es dort kein wirkliches physikalisches Argument gibt, mit dem das Konvergenzproblem gelöst wurde. Im Prinzip basiert das Modell der vorliegenden Arbeit genauso auf (1.30), wie das Modell der Geometrodynamik. Allerdings enthält das Modell der vorliegenden Arbeit physikalische Argumente auf deren Basis das Konvergenzproblem gelöst wurde.

Da im Modell der vorliegenden Arbeit nur einen Teil der Energiedichte des Raumes betrachtet wird, der Wert aus (1.49) hingegen die gesamte Energiedichte des Raumes anzugeben beansprucht, sollte unser Wert auf jeden Fall kleiner sein als der aus (1.49). Ein weiterer Zusammenhang zwischen den beiden Werten besteht nicht.

Einen anderen Umgang erfordert der Vergleich unseres Wertes mit demjenigen der Astrophysik aus (1.48). Wenn unser Wert größer ist als der dortige – müsste dann nicht (aufgrund der mit der Energie verbundenen Masse) die gravitative Anziehung innerhalb des Universums größer sein, als sie bei der Bestimmung von (1.48) aufgrund der Expansion des Universums gemessen wurde?

So einfach lässt sich in Wirklichkeit ein Widerspruch zu unserem Wert nicht konstruieren. Einerseits steht nämlich noch die ungelöste Frage nach der beschleunigten Expansion des Universums im Raum [Cel 07]. Andererseits bezieht sich die Expansion des Universums auf eine Massenverteilung innerhalb einer Kugel mit dem Durchmesser des Universums (zurückgehend auf die Hypothese, dass sich das Universums maximal mit Lichtgeschwindigkeit seit dem Urknall ausdehnt [Per 98]), wohingegen sich die Energiedichte der Nullpunktsoszillationen auf den gesamten Raum $\mathbb{R}^3$ bezieht, also auch auf diejenigen Regionen, die außerhalb Kugel mit dem Durchmesser des Universums liegen. Für die Ausprägung der Gravitation hat dieser Unterschied durchaus entscheidende Bedeutung.

In diesem Sinne stehen die Ergebnisse des hier entwickelten Modells nicht im Widerspruch mit einem der bisherigen Modelle (unabhängig von offenen Fragen), sondern man sollte die Aussagen der vorliegenden Arbeit eher so deuten:

Offensichtlich besteht bei der Berechnung der Energiedichte der Nullpunktsoszillationen des Raumes ein Konvergenzproblem mit einem uneigentlichen Integral. Will man diese Energiedichte berechnen, so stößt man auf ein divergentes uneigentliches Integral, also auf eine unendliche Energiedichte. In der klassischen Theorie wird das Problem umgangen, indem man mit Hilfe einer „Eichung" einfach den unendlichen Grenzwert ignoriert [Lin 97]. Da dieser Weg bekanntermaßen unbefriedigend ist, wurde in der Geometrodynamik versucht, diesem uneigentlichen Integral künstlich Grenzen hinzuzufügen und so ein eigentliches Integral zu erzeugen. Dass damit der Divergenzprobleme verschwinden ist klar, aber der Wert der sich dann für die Energiedichte der Nullpunktsoszillationen ergibt, erscheint derart merkwürdig, dass er zurecht bis heute mit großer Skepsis betrachtet wird. Eine Lösung des Konvergenzproblems ohne die Zusatzannahme willkürlicher Integrationsgrenzen liefert die vorliegende Arbeit und gelangt zu Werten für denjenigen Anteil der Energiedichte des Raumes, der den elektromagnetischen Nullpunktsoszillationen zukommt, die durchaus im Bereich des Möglichen und Sinnvollen erscheinen.

4. Experimente zur Wandlung von Vakuumenergie in klassische mechanische Energie

4.1 Konzept eines elektrostatischen Rotors

An dieser Stelle ist das Prinzip für einen möglichen Aufbau zu überlegen, der es erlaubt, aus dem in den Abschnitten 2 und 3 beschriebenen Energiefluß zwischen elektrostatischer Feldenergie und Vakuumenergie, einen Teil ebendieser Energie zu entziehen und in eine klassische Energieform zu wandeln, die direkt erfahrbar ist. Könnte man zum Beispiel einen Rotor ausdenken, der aus dem genannten Energiefluß angetrieben würde, so wäre die dabei erzeugte klassische mechanische Rotationsenergie direkt erfahrbar. Eine mögliche Konstellation dazu ist in Abb.6 ersichtlich. Sie erreicht zwar noch nicht vollständig den Stand der praktischen Realisierbarkeit im Experiment, aber sie ist dafür umso anschaulicher und übersichtlicher für das grundlegende Verständnis. So kann zum Beispiel eine Punktladung als Feldquelle nicht praktisch realisiert werden (vielmehr muss die Ladung auf einer geometrisch ausgedehnten Form angebracht werden), aber die elementaren Überlegungen zum Verständnis werden damit besonders anschaulich.

Wir wollen daher diesen Rotor in Abschnitt 4.1 detaillierter betrachten, einschließlich einer Berechnung der zugehörigen Kräfte und Drehmomente, die er in einem elektrostatischen Feld erfährt. In Abschnitt 4.2. wird dann, basierend auf den Überlegungen aus Abschnitt 4.1, eine konkrete Umsetzung in ein tatsächlich durchgeführtes Experiment folgen.

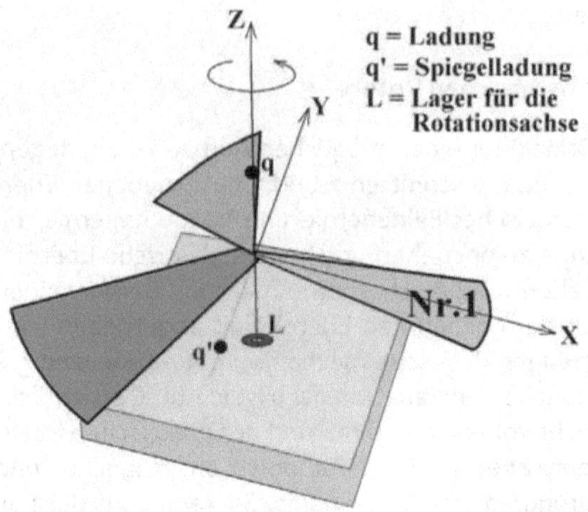

Abb. 6: Rotor aus drei Rotorblättern, von denen jedes in einem Winkel von 45° gegenüber der xy-Ebene geneigt ist. Die Rotationsachse ist in Richtung der z-Achse angeordnet und steht auf einem Lager „L". Ebenso auf der z-Achse, aber oberhalb des Rotors befindet sich eine Ladung q, die ein elektrostatisches Feld erzeugt, welches Coulombkräfte auf die Rotorblätter ausübt, die den Rotor fortgesetzt antreiben, sofern der praktische Aufbau dafür Rechnung trägt, dass die Reibung nicht größer ist, als die antreibende Kraft.

Um die Kräfte des von der Ladung q erzeugten elektrostatischen Feldes auf die Rotorblätter zu bestimmen, genügt aus Symmetriegründen die Betrachtung eines einzigen Rotorblattes, stellvertretend für alle drei Rotorblätter. Die Orientierung des zxy-Koordinatensystems sei so festgelegt, dass die x-Achse genau in Richtung der Mittellinie desjenigen Rotorblattes zeigt, für das wir die antreibende Coulombkraft berechnen wollen. Dieses Rotorblatt sei für die weiteren Überlegungen als Blatt Nr.1 bezeichnet.

Der Antrieb des Rotors aus der Vakuumenergie, der die Rotation bedingt, besteht nun darin, die von der Ladung q abgestrahlte Feldenergie in mechanische Energie umzuwandeln, was letztlich darauf zurückgeführt werden kann, dass der von der Ladung emittierte elektrische Fluß[2] (wie er in Lehrbüchern mitunter durch Feldlinien veranschaulicht wird) mittels metallischer Flächen umgelenkt wird, wodurch mechanischen Kräfte entste-

---

[2] Der elektrische Fluß Φ_e kann in Analogie zum magnetischen Fluß $\Phi_m = \int_C \vec{B} \cdot d\vec{A} = \mu_0 \cdot \int_C \vec{H} \cdot d\vec{A}$ durch eine geschlossene Fläche C definiert werden als $\Phi_e = \varepsilon_0 \cdot \int_C \vec{E} \cdot d\vec{A}$.

hen, die das Feld auf die Flächen ausübt, und die den Rotor antreiben. Die antreibenden Coulombkräfte können am bequemsten mit der Methode der Spiegelladungen bestimmt werden [Bec 73], [Jac 81]. Daher ist in Abb.6 die zur Ladung q gehörende Spiegelladung q' in Bezug auf das in Richtung der x-Achse angeordnete Rotorblatt Nr.1 dargestellt. Die Wechselwirkungskraft zwischen der Ladung q und der Fläche des Rotorblattes ist dann aufgrund der Methode der Spiegelladungen die selbe wie die Wechselwirkungskraft zwischen der Ladung q und der Spiegelladung q'. Zur Berechnung der Kraft auf das Rotorblatt genügt also im Prinzip ein Einsetzen der Ladungen q und q' in das Coulombgesetz.

Zu diesem Zweck beginnen wir die Berechnungen mit einer Betrachtung der geometrischen Anordnung der Apparatur und der Bestimmung der Position der Spiegelladung q'. Das Rotorblatt Nr.1 sei wie alle Rotorblätter (der Einfachheit der Berechnungen halber) im Winkel von 45° zur xy-Ebene angestellt. Damit definiert das Blatt Nr.1 eine Ebene $z := z(x,y)$ mit der Funktionsgleichung $z = -y$. Die Ortsvektoren zu den Punkten dieser Ebene lauten demnach

$$\vec{r} = \begin{pmatrix} x \\ y \\ -y \end{pmatrix} \qquad \text{mit zwei freien Parametern } x, y \in \mathbb{R} . \tag{1.50}$$

Aus Symmetriegründen ändert sich an den prinzipiellen Überlegungen zur Entstehung und zur Berechnung der Kräfte nichts, wenn sich die Rotorblätter im Laufe der Zeit drehen. Ebenso aus Symmetriegründen und ohne Beschränkung der Allgemeingültigkeit lassen sich die Überlegungen anhand des Rotorblatts Nr.1 durchführen, und später in Analogie auf alle anderen Rotorblätter übertragen.

Als Vorarbeit zur Berechnung der Kraft auf das Rotorblatt Nr.1 wird nun die Position der Spiegelladung bezüglich der durch das Blatt Nr.1 definierten Fläche bestimmt.

Die Ladung q ist auf der z-Achse bei der z-Koordinate z_0 positioniert. Die Position der zugehörigen Spiegelladung q' finden wir dann entsprechend Abb.7 beim Blick aus der x-Richtung auf die yz-Ebene. In dieser Ansicht erkennen wir das Blatt Nr.1 als dessen Schnitt mit der yz-Ebene, als Gerade $z = -y$, was der oben angegebenen Parametrisierung der Funktionsgleichung der durch das Blatt definierten Fläche entspricht. Spiegeln der Ladung q an dieser Geraden führt zur Position der Spiegelladung q' auf der y-Achse bei der y-Koordinate $y = -z_0$. Die x-Koordinaten von q und q' bleiben beim Spiegeln Null. Damit ergeben sich die Ortsvektoren der beiden Ladungen zu

$$\vec{r}_q = \begin{pmatrix} 0 \\ 0 \\ z_0 \end{pmatrix} \quad \text{für die Position der Ladung } q \tag{1.51}$$

und $$\vec{r}_{q'} = \begin{pmatrix} 0 \\ -z_0 \\ 0 \end{pmatrix} \quad \text{für die Position der Spiegelladung } q'. \tag{1.52}$$

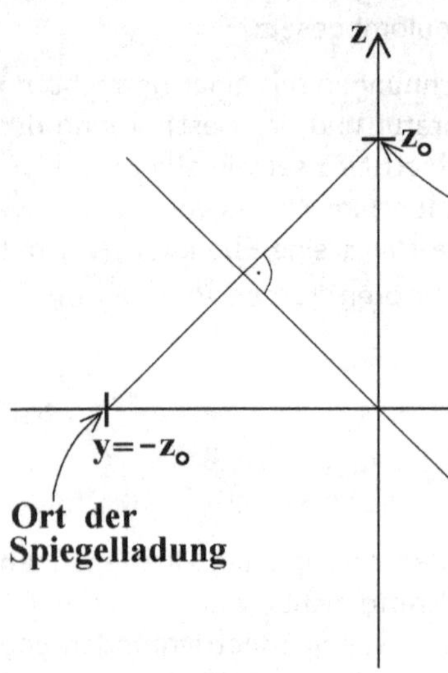

Abb. 7: Skizze zur Auffindung der Position der Spiegelladung. Sowohl die Ladung q als auch die Spiegelladung q' tragen die x-Koordinate $x=0$. Deshalb genügt der zweidimensionale Schnitt der yz-Ebene zur Konstruktion der Lage der Spiegelladung. Dabei wird die Position der Ladung q am Schnitt des Rotorblattes Nr.1 gespiegelt.

Kennen wir nun die Positionen der Feldquelle q und ihrer Spiegelladung q', und bedenken wir überdies, dass für die Spiegelladung $q'=-q$ gilt, so lässt sich die Coulombkraft zwischen diesen beiden Ladungen schreiben als

$$\vec{F} = \frac{1}{4\pi\varepsilon_0} \cdot \frac{(+q)\cdot(-q)}{|\vec{r}|^2} \cdot \vec{e}_r \qquad (1.53)$$

mit $\vec{r}$ = Vektor von q' nach q und $\vec{e}_r$ = Einheitsvektor in $\vec{r}$-Richtung,

$$\text{worin } |\vec{r}| = \sqrt{2}\cdot z_0 \;\Rightarrow\; |\vec{r}|^2 = 2\cdot z_0^2 \quad \text{und } \vec{e}_r = \begin{pmatrix} 0 \\ \sqrt{1/2} \\ \sqrt{1/2} \end{pmatrix} \text{ mit } |\vec{e}_r| = 1.$$

$$\Rightarrow \vec{F} = \frac{1}{4\pi\varepsilon_0} \cdot \frac{-q^2}{2z_0^2} \cdot \begin{pmatrix} 0 \\ \sqrt{1/2} \\ \sqrt{1/2} \end{pmatrix} = \frac{-q^2}{\sqrt{128}\cdot\pi\varepsilon_0\cdot z_0^2} \cdot \begin{pmatrix} 0 \\ 1 \\ 1 \end{pmatrix} \quad \text{für die Kraft zwischen Ladung und Spiegelladung.} \qquad (1.54)$$

Das Entscheidende ist: Sowohl die Ladung q als auch das Rotorblatt erfährt jeweils eine Kraftkomponente in y-Richtung (mit positiver bzw. negativer Orientierung, wegen actio = reactio), und diese führt zu einer Rotation des Rotorblattes um die z-Achse, da sie eine tangentiale Komponente bzgl. der Bewegung des Rotorblattes um die z-Achse enthält. Zur Veranschaulichung betrachte man nochmals Abb.6. Diese Kraft ist anziehend, da die Spiegelladung umgekehrtes Vorzeichen trägt wie die Ladung. Daraus ergibt sich die in Abb.6 mit einem gebogenen Pfeil eingezeichnete Drehrichtung des Rotorblattes, und zwar unabhängig vom Vorzeichen der Ladung q. Dass nebenbei auch noch eine Kraftkomponente in z-Richtung existiert beeinflusst nicht die Bewegung des Rotorblattes, denn diese Kraft wird von der Achse und der Lagerung „L" aufgenommen. Allerdings werden später (in Abschnitt 5) im tatsächlichen Experiment praktische Probleme mit dieser z-Komponente der Kraft beschrieben, die je nach Wahl der Bauart des Lagers „L" stören können oder nicht.

Um ein Gefühl für die Größe der Kräfte in einem tatsächlichen Aufbau zu entwickeln, sei eine Beispielrechnung mit denkbar möglichen Abmessungen demonstriert, wie sie mit den Winkeln und Durchmessern in Abb.8 zu sehen ist. Gezeigt wird dort eine Draufsicht aus der Richtung der positiven z-Achse, also eine Projektion eines möglichen Beispielrotors auf die xy-Ebene. Um nun eine realistische Berechnung durchführen zu können, muss nun endlich auch die Punktladung durch eine Kugel mit einer echten Ausdehnung ersetzt werden.

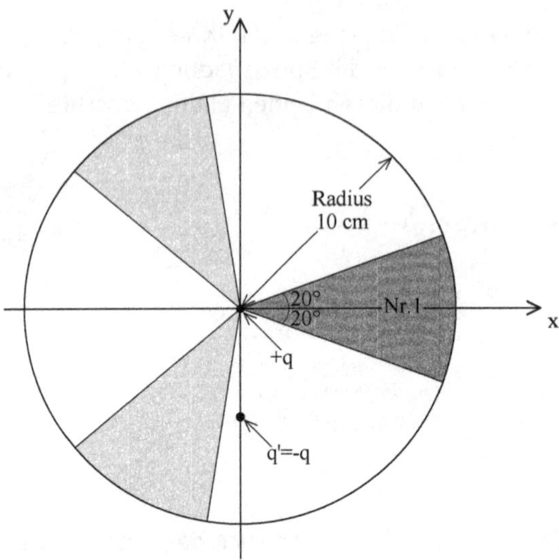

Abb. 8: Rotor mit drei Blättern und einem Durchmesser von $20\,cm$ ***, der sich um die z-Achse dreht. Gezeigt wird die Projektion des Rotors aus Richtung der z-Achse auf die xy-Ebene mit der Angabe der Winkel der von den Rotorblättern überdeckten Fläche. Die Ladung*** q ***befinde sich auf der z-Achse bei*** $z_0 = 5\,cm$ ***, sodaß die Spiegelladung*** q' ***auf der y-Achse bei*** $y = -z_0 = -5\,cm$ ***anzusetzen ist.***

Folglich wählen wir zum Anbringen der Ladung q eine kleine elektrisch leitfähige Kugel mit einem Durchmesser von $2R = 1.0\,cm$, deren Mittelpunkt bei $z_0 = 5\,cm$ montiert sei. Die Kapazität eines solchen Kugelkondensators (gegen unendlich) beträgt $C = 4\pi\varepsilon_0 \cdot R$. Laden wir diese Kugel auf eine Spannung von $U = 10\,kV$ auf (ohne elektrische Überschläge zu provozieren), so trägt sie eine Ladung von $q = C \cdot U = 4\pi\varepsilon_0 \cdot \underbrace{R}_{0.5\,cm} \cdot \underbrace{U}_{10\,kV} \approx 5.56 \cdot 10^{-9}\,C$. Der Spiegelladung muss dann ein Wert von $q' \approx -5.56 \cdot 10^{-9}\,C$ zugemessen werden.

Setzen wir diese Werte in (1.54) für die Kraft zwischen der Ladung und der Spiegelladung ein, so ergibt sich

$$\Rightarrow \vec{F} = \frac{-q^2}{\sqrt{128} \cdot \pi\varepsilon_0 z_0^2} \cdot \begin{pmatrix} 0 \\ 1 \\ 1 \end{pmatrix} = 3.93 \cdot 10^{-5}\,N \cdot \begin{pmatrix} 0 \\ 1 \\ 1 \end{pmatrix} \qquad (1.55)$$

Während die z-Komponente der antreibenden Kraft nur in Richtung der Rotationsachse zeigt, und somit keinen sichtbaren Effekt erzielt, führt die y- Komponente dieser Kraft (aufgrund ihrer tangentialen Wirkung auf das Rotorblatt) direkt zu einer Rotation des Rotors um die z-Achse (sofern die

Kraft ausreicht, um die Reibung zu überwinden). Damit ist das Funktionsprinzip des Motors geklärt.

Bei der zu (1.55) berechneten Kraft handelt es sich lediglich um eine grobe Näherung, die wir nun verfeinern wollen. Was dabei mit der Methode der Spiegelladung berechnet wurde, ist nämlich die Kraft $\vec{F}$ einer Punktladung q, die diese auf eine unendlich ausgedehnte leitende Fläche ausübt, die die gesamte Ebene $z := z(x,y) = -y$ erfüllt. Das Rotorblatt unseres Aufbaus beschreibt tatsächlich aber nur einen kleinen Teil dieser Ebene. Zur Bestimmung der tatsächlichen Kraft auf dieses endlich ausgedehnte Rotorblatt wollen wir uns nochmals dem beispielhaften Versuchsaufbau zuwenden, von dem Abb.8 eine Projektion zeigt. Für diesen Aufbau wollen wir nämlich den Anteil des elektrischen Flusses in die Fläche des Rotorblattes in Relation zum gesamten elektrischen Fluß durch die gesamte Ebene $z := z(x,y) = -y$ bestimmen, um daraus schließlich die Kraft auf das echte Rotorblatt mit endlicher Ausdehnung berechnen zu können.

Als Vorarbeit dazu stellen wir das Potential der Ladung und der Spiegelladung auf, welches dann für den Raum zwischen der Ebene $z := z(x,y) = -y$ und der Ladung q gilt:

Das Coulombpotential der Punktladung q ist $V = \frac{1}{4\pi\varepsilon_0} \cdot \frac{q}{d}$,

das Coulombpotential der Spiegelladung q' ist $V' = \frac{1}{4\pi\varepsilon_0} \cdot \frac{q'}{d'}$,

mit $d = \sqrt{(\vec{r} - \vec{r}_q)^2} = \sqrt{x^2 + y^2 + (z - z_0)^2}$ und $d' = \sqrt{(\vec{r} - \vec{r}_{q'})^2} = \sqrt{x^2 + (y + z_0)^2 + z^2}$ als Abstände der Ladung bzw. der Spiegelladung zu dem Aufpunkt, in dem das Potential angegeben werden soll. Damit, und wegen $q' = -q$, wird das gesamte Potential im Raum zwischen der Ladung und der Ebene $z := z(x,y) = -y$ zu:

$$V_{ges} = V + V' = \frac{1}{4\pi\varepsilon_0} \cdot \frac{q}{\sqrt{x^2 + y^2 + (z - z_0)^2}} + \frac{1}{4\pi\varepsilon_0} \cdot \frac{-q}{\sqrt{x^2 + (y + z_0)^2 + z^2}} . \qquad (1.56)$$

Die elektrostatische Feldstärke ist wie gewohnt $\vec{E} = -\vec{\nabla} \cdot V_{ges}$. (1.57)

Auf dieser Basis lässt sich der Anteil des elektrischen Flusses durch die Fläche des Rotorblattes in Relation zum gesamten elektrischen Fluß durch die Ebene $z := z(x,y) = -y$ setzen, wobei das letztgenannte natürlich ein konvergentes uneigentliches Integral darstellt. Aus rechentechnischen Gründen wurde in der vorliegenden Arbeit mit einer numerischen Näherung vorgegangen. Der Anteil des elektrischen Flusses durch das Rotorblatt am Gesamtfluß durch die Ebene $z := z(x,y) = -y$ liegt bei ca. $(4 \pm 0.5)\%$, wobei die hier erreichte Genauigkeit für die Planung eines Experiments hinreichend ist.

Daraus folgern wir für die y-Komponente der Kraft

auf jedes einzelne Rotorblatt $F_y \approx 3.93 \cdot 10^{-5} N \cdot 4\% \approx 1.6 \cdot 10^{-6} N$ (1.58)

und somit für die Kraft auf drei Rotorblätter $3 \cdot F_y \approx 4.7 \cdot 10^{-6} N$. (1.59)

Wollen wir das Drehmoment wissen, das die Ladung q auf die drei Rotorblätter ausübt, dann müssen wir berücksichtigen, dass die Kraft $3 \cdot F_y$ nicht an einem Punkt angreift, sondern über unterschiedliche Radien der Rotation an den Rotorblättern angreift. Das ist ein einfaches mechanisches Problem, dessen Lösungsweg hier keiner detaillierten Erläuterung bedarf. Das Drehmoment auf die drei Rotorblätter ergibt sich mit etwa

$$\left|\vec{M}_{ges}\right| \approx 9 \cdot 10^{-8} N m \quad , \tag{1.60}$$

die aufgrund der numerischen Näherung für (1.58) und (1.59) wieder nur „ungefähr" angegeben wird. Anhand dieses Rechenbeispiels erkennt man unschwer, dass die reibungsarme Lagerung des Rotors eine wichtige Aufgabe bei der praktischen Realisierung des Experiments sein wird.

Damit ist das Prinzip eines elektrostatisch betriebenen Rotors ersonnen, der Vakuumenergie (aus dem elektrischen Fluß elektrostatischer Felder) in klassische mechanische Energie einer Rotationsbewegung wandeln kann. Dabei beachte man, dass für die Entwicklung der Grundlage des Funktionsprinzips nur zwei elementare Voraussetzungen benötigt wurden, nämlich die Gültigkeit des Coulomb-Gesetzes und die Tauglichkeit der Methode der Spiegelladungen. Ist die Ladung einmal über dem Rotor angebracht, so sollte der Rotor solange beschleunigt werden, bis Reibungskräfte und mechanische Nutzkräfte den antreibenden Kräften die Waage halten. Sobald dieser Zustand erreicht ist, erwarten wir einen Betrieb mit konstanter Drehzahl.

4.2 Erste Experimente zur Wandlung von Vakuumenergie

In Anbetracht des geringen zu erwartenden Drehmoments für den Antrieb des Rotors muss vor Beginn einer praktischen Durchführung des Experiments eine Optimierung der Geometrie der Anordnung stehen die zwei Ziele verfolgt, nämlich erstens eine Maximierung des antreibenden Drehmoments und zweitens eine Minimierung der bremsenden Reibung. Nur so kann erreicht werden, dass die mechanische Reibung der Rotorlagerung überwunden wird und eine Bewegung tatsächlich zustande kommen kann.

Am Beispiel einer einfachen Überschlagsrechnung lässt sich rasch feststellen, dass der Rotor mit einem Durchmesser von $20cm$ nach (1.60) und einem Drehmoment von weniger als $10^{-7}Nm$ nicht in der Lage wäre, die Reibung eines handelsüblichen Kugellagers zu überwinden. Die beiden genannten Optimierungen werden nachfolgend besprochen.

<u>Erster Teil:</u> Maximierung des antreibenden Drehmoments

Da die Verteilung der felderzeugenden Ladung im Raum, also die Form und die Position der Feldquelle, bisher noch keinerlei Optimierung unterzogen worden war, ist an dieser Stelle ein gutes Optimierungspotential vorhanden. Um die Drehmomente, die solche Feldquellen verschiedener Formen, Positionen und Abmessungen auf elektrostatische Rotoren ausüben, berechnen zu können, wurden zwei grundsätzlich verschiedene Arten von Finite-Elemente-Berechnungen durchgeführt, und zwar einerseits ein selbst entwickelter Algorithmus [Pas 99], und andererseits ein vorhandenes Finite-Elemente-Programm ANSYS [Ans 08]. Der selbst entwickelte Algorithmus basiert auf finiten Ladungselementen zwischen denen paarweise die Coulombkräfte berechnet wurden. Das kommerzielle FEM-Programm ANSYS basiert auf potentialtheoretischen Methoden. Die Tests mit zwei völlig unterschiedlichen Algorithmen hatten den Zweck, die Ergebnisse wechselseitig kontrollieren zu können.

Der selbst entwickelte Algorithmus basiert auf der Anwendung der Spiegelladungsmethode und des Coulombgesetzes nach Abschnitt 4.1. Dabei wurde die Feldquelle in finite Ladungselemente untergliedert und das Rotorblatt in finite Spiegelflächenelemente, sodaß die finiten Teilkräfte zwischen allen Ladungselementen und allen Spiegelflächenelementen einzeln bestimmt und anschließend aufsummiert wurden, ebenso wie die zugehörigen finiten Teildrehmomente, die die Teilkräfte unter Berücksichtigung der wirkenden Rotationsradien auf den Rotor ausüben. Dadurch läßt das Gesamtdrehmoment berechnen, mit dem der Rotor angetrieben wird. Zur Kontrolle wurden außerdem die Potentiale und die elektrischen Feldstärken nach (1.57) berechnet, damit gewährleistet werden konnte, dass bei einer gegebenen Anordnung keine Feldstärken auftreten, die im praktischen Experiment zu elektrischen Durchschlägen führen würden.

Beim Finite-Elemente-Programm ANSYS werden nicht Rotor und Feldquelle modelliert, sondern der vom Feld erfüllte Raum. An den entsprechenden Positionen, also dort wo sich die Feldquelle und der Rotor befindet, wird als Randbedingung ein Oberflächenpotential oder eine elektrische Ladung vorgegeben, die sich somit an der Oberfläche des felderfüllten Raumes befindet. Mit potentialtheoretischen Methoden berechnet nun ANSYS die Potential- und Feldverhältnisse im gesamten modellierten Raum und erlaubt dann eine Angabe der Kräfte und der Drehmomente auf diejenige Oberfläche des felderfüllten Raumes, die das Rotorblatt definiert.

Aus Gründen der beschränkten Verfügbarkeit des kommerziellen Programms ANSYS [Ihl 08] wurde die eigentliche Optimierung der Geometrie der Anordnung von Feldquelle und Rotor mit dem selbst entwickelten Algorithmus vorgenommen und die Ergebnisse anschließend nur mit ANSYS kontrolliert. Beide Methoden sind numerische Näherungen. Sie konvergieren mit wachsender Anzahl der finiten Elemente gegen den selben Grenzwert. Daher konnten die ANSYS-Resultate als gute Bestätigung der Ergebnisse des selbst entwickelten Algorithmus dienen.

Es stellte sich heraus, dass eine flächige Feldquelle, deren Durchmesser zumindest etwas größer war als der Durchmesser des Rotors, zu deutlich größeren Drehmomenten führt als die kugeligen Feldquelle aus Abschnitt 4.1. So ergibt eine Anordnung nach Abb.9 ein Drehmoment von etwa $M=1.2\cdot10^{-5}\text{Nm}$ bei einer elektrischen Spannung von $U=7kV$ zwischen Feldquelle und Rotor. Ein weiteres Vergrößern der Feldquelle wesentlich über den Rotorradius hinaus bewirkt keine bedeutsame Erhöhung des Drehmoments mehr.

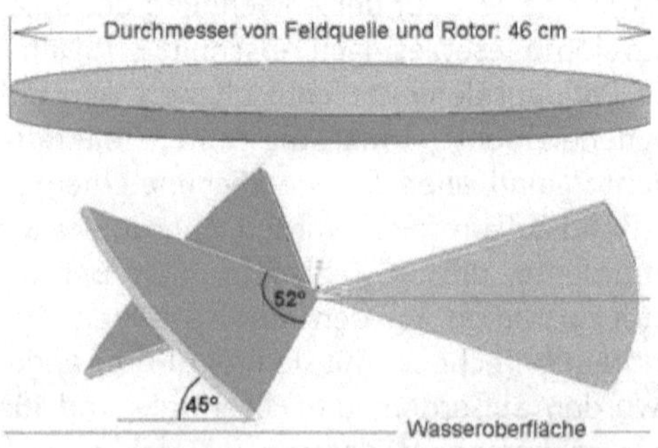

Es wird ein Drehmoment von $M=1.2\cdot10^{-5}\text{Nm}$ berechnet.

Abb. 9: Prinzipaufbau eines elektrostatischen Rotors zur Wandlung von Vakuum-Energie in mechanische Energie. Die rot gezeichnete Scheibe ist eine elektrisch geladene Feldquelle, der blau gezeichnete Rotor hingegen ist geerdet. Die notierten Abmessungen entsprechen dem Aufbau im ersten tatsächlich durchgeführten Experiment

Weiterhin stellte sich heraus, dass eine Öffnung in der Mitte der Feldquelle, wie in Abb.10 zu sehen, keine massiven Einbußen des Drehmoments zu Folge hat, sodaß es kein Problem wäre, zum Zwecke der Lagerung eine Achse durch die Feldquelle hindurch zu führen. Das ist auch plausibel, wenn man bedenkt, dass der dominante Anteil des Drehmoments durch die Kräfte im Bereich der großen Drehradien zustande kommt.

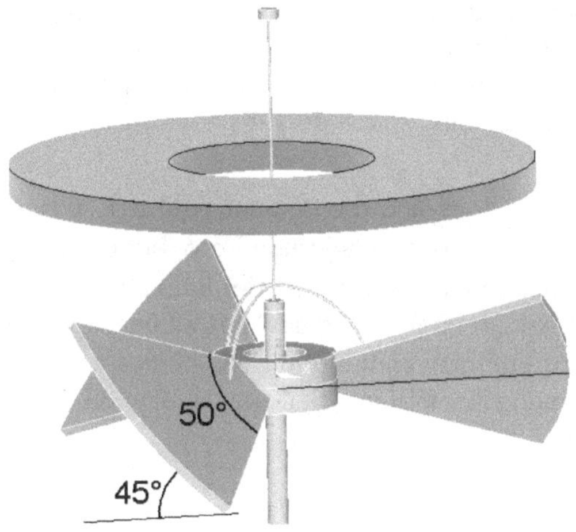

Abb. 10: Diese Anordnung zeigt in etwa das selbe Drehmoment wie die Anordnung nach Abb.9

Im übrigen erlaubt eine systematische Variation der Eingabe-Parameter der Berechnung das Erkennen zweier Proportionalitäten, nämlich

- Drehmoment $M \propto U^2$, und damit Antriebsleistung $P \propto U^2$ (mit $U =$ elektrische Spannung)
- Drehmoment $M \propto R^2$, und damit Antriebsleistung $P \propto R^2$ (mit $R =$ Rotordurchmesser),

sofern die Abstände zwischen dem Rotor und der Feldquelle derart angepasst werden, dass die Maxima der Feldstärke bei Veränderung der Spannung und des Rotordurchmessers konstante Grenzwerte einhalten. Diese Grenze hält einen gewissen Abstand von der Durchschlagsfeldstärke (des Vakuums oder der umgebenden Luft) und dient dazu, elektrische Überschläge zu vermeiden.

Das Erkennen dieser Proportionalitäten hilft dabei, die Optimierung der Geometrie zum Erreichen bestimmter Drehmoment-Werte zu beschleunigen.

Zweiter Teil: Minimierung der Lagerreibung

Zunächst wurde eine mechanische Lagerung angedacht. Sie kam zwar aufgrund der hohen Reibung bei den bisherigen Experimenten nicht hauptsächlich zum Tragen, sie soll aber dennoch hier diskutiert werden, da sie bei einer späteren technischen Umsetzung der Wandlung von Vakuumenergie von Bedeutung sein dürfte. Allerdings ergeben sich beim Einsatz mechanischer Lagerungen nocht einige weitere Probleme, die damit im Zusammenhang stehen, dass die Rotationsachse raumfest fixiert ist. Sie werden in Abschnitt 5 noch detailliert untersucht und diskutiert werden.

Bei einem mechanischen Lager sind die Reibungskräfte F_R proportional zur Normalenkraft F_N, mit der der zu lagernde Rotor auf dem Lager aufliegt [Stö 07]. Der Proportionalitätsfaktor ist der Reibungskoeffizient μ, wobei zum Anlaufen einer Drehbewegung der Haftreibungskoeffizient μ_H einzusetzen ist und zur Energiewandlung mit Hilfe eines bereits laufenden Rotors der Gleitreibungskoeffizient μ_G. Damit ist die Reibungskraft

$$F_R = \mu \cdot F_N \quad . \tag{1.61}$$

Die Normalenkraft, mit der der Rotor auf dem Lager aufliegt, ergibt sich elementar aus der Schwerkraft mit $m =$ Rotormasse und $g =$ Erdbeschleunigung zu

$$F_N = m \cdot g \quad . \tag{1.62}$$

Das bremsende Drehmoment, welches das Lager der Drehbewegung entgegensetzt, lautet dann mit $r =$ Radius des Einwirkens der Reibungskräfte

$$M_R = r \cdot F_R \tag{1.63}$$

Einsetzen von (1.61) und (1.62) in (1.63) liefert den Ausdruck

$$M_R = r \cdot F_R = r \cdot \mu \cdot F_N = r \cdot \mu \cdot m \cdot g \tag{1.64}$$

Damit sei nun die Tauglichkeit verschiedener Lagerungsarten für das Experiment des elektrostatischen Rotors zur Wandlung von Vakuumenergie in klassische Rotationsenergie analysiert. Das Ziel ist eine Minimierung der Reibung. Nur wenn es möglich ist, die Haftreibung geringer als den in

Abb.9 gegebenen Wert zu machen, kann das Experiment sinnvoll durchgeführt werden.

Um einen sinnvollen Vergleich anstellen zu können, sei von vergleichbaren Bedingungen ausgegangen, nämlich von $m = 8.7\,Gramm = 8.7 \cdot 10^{-3} kg$ (was bei einem Rotor der Abmessungen von Abb.9 eine extreme Leichtbauweise voraussetzt, aber den tatsächlichen Wert im Experiment angibt) und $g \approx 10 \, m/s^2$ (was für die vorliegende Abschätzung durchaus hinreichend ist). Die Größen r und μ sind charakteristisch für die jeweilige Lagerung und sind daher im nachfolgenden Vergleich der Lagerungsarten zur Variation freigegeben.

(a) Kugellager:

Ein sinnvoller Wert für die Größenordnung der Rollreibung von Stahlkugeln in einem Kugellager kann z.B. $\mu_R = 0.002$ sein [Dub 90]. Bei einem Kugellager mit einem Radius von $r = 1cm$ ergibt sich somit nach (1.64):

$$M_R \approx \underbrace{10^{-2} m}_{r} \cdot \underbrace{2 \cdot 10^{-3}}_{\mu} \cdot \underbrace{8.7 \cdot 10^{-3} kg}_{m} \cdot \underbrace{10 \frac{m}{s^2}}_{g} \approx 1.7 \cdot 10^{-6} Nm \,. \qquad (1.65)$$

(b) Spitzenlager

Hier sitzt der Rotor direkt auf einer Spitze auf, sodaß der Reibungskoeffizient nicht für die Rollreibung einer Kugel sondern für die Haftreibung zweier Stahlkörper eingesetzt werden muss. Dafür ist $\mu_R = 0.3$ ein sinnvoller Wert [Dub 90]. Allerdings ist bei einem Spitzenlager der Radius der Krafteinleitung außerordentlich gering. Mikroskopische Betrachtung durchschnittlicher verfügbarer Spitzen ergaben Radien im Bereich $r = 10 \mu m$. Bei dünneren Spitzen bestehen Bedenken, ob sie das Gewicht des Rotors aushalten. Damit lautet die Abschätzung des bremsenden Drehmoments für Spitzenlagerung

$$M_R \approx \underbrace{10^{-5} m}_{r} \cdot \underbrace{0.3}_{\mu} \cdot \underbrace{8.7 \cdot 10^{-3} kg}_{m} \cdot \underbrace{10 \frac{m}{s^2}}_{g} \approx 2.6 \cdot 10^{-7} Nm \qquad (1.66)$$

Bei kleineren Rotoren kann das bremsende Drehmoment noch geringer werden.

(c) Fluidlagerung

Fluide (Flüssigkeiten und Gasen) sind als gute Schmiermittel bekannt, sie werden oftmals zur Verringerung der Reibung eingesetzt. Zwar sind für diesen Zweck Gase besonders günstig, wie man von Luftlagerungen weiß (Scheiben und Wägen auf Luftschienen und Lufttischen erstaunen oftmals aufgrund ihrer extrem geringen Reibung), aber sie sind im vorliegenden Fall ungeeignet, weil sie mit einem Gasstrom verbunden sind, der zweifelsohne einen reibungsarm gelagerten Rotor in Drehung versetzen könnte. Um derartige Quellen für Artefakte von vorneherein zu vermeiden, wird der Einsatz einer Luftlagerung prinzipiell ausgeschlossen. Flüssigkeiten als Schmiermittel können ebenfalls sehr reibungsarmes Gleiten ermöglichen, wie man beim der langsamen Bewegung von Schiffen im Wasser beobachten kann. Und tatsächlich geht die Reibungskraft für niedrige Geschwindigkeiten der Relativbewegung asymptotisch gegen Null (siehe Abb.11, nach [Hei 97]).

Damit ergibt sich folgende Situation:

$$M_R \approx \underbrace{20cm}_{r} \cdot \underbrace{(\mu \to 0)}_{\lim_{v \to 0}} \cdot \underbrace{8.7 \cdot 10^{-3} kg}_{m} \cdot \underbrace{10 \tfrac{m}{s^2}}_{g} \approx \text{wird sehr klein für langsame Bewegungen} \tag{1.67}$$

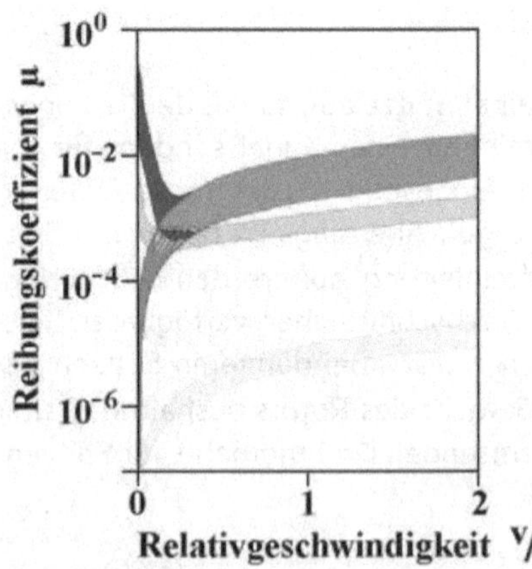

Abb. 11: Abhängigkeit der Reibungskoeffizienten μ von der Relativgeschwindigkeit der Bewegung für verschiedene Lagerungsarten.
- blau und violett → hydrodynamische Lagerung
- rot und violett → hydrostatische Lagerung
- grün → Wälzlager
- gelb → aerostatische Lagerung

Für die hydrostatische und die aerostatische Lagerung gehen die Reibungskoeffizienten bei langsamen Relativgeschwindigkeiten asymptotisch gegen Null.

Damit gelangt der Vergleich reibungsarmen Lagerungsarten zu folgendem Resumée:

Zwar sollten nach (1.65), (1.66) und (1.67) im Prinzip alle drei Lagerungsarten geeignet sein, von einem Drehmoment von $M=1.2\cdot10^{-5}Nm$ (nach Abb.9) angetrieben zu werden, aber man muss sich auch im Klaren sein, dass angegebenen Werte Idealbedingungen darstellen. Deshalb wurde sicherheitshalber auf das Kugellager, das die größten Reibungskräfte bietet, verzichtet. Die anderen beiden Lagerungsarten wurden tatsächlich realisiert.

Der erste Ansatz wurde mit der hydrostatischen Lagerung durchgeführt, die zwar einer schnellen Bewegung des Rotors im Wege steht, aber eine langsame Rotation sehr sicher ermöglicht, falls denn das Prinzip des elektrostatischen Rotors überhaupt funktioniert. Dies genügt für einen physikalischen Nachweis der Wandlung von Raumenergie (Abschnitt 4). Nachdem dieser Nachweis mit der hydrostatischen Lagerung erfolgreich gelungen ist, kann man dazu übergehen, auch mit anderen Lagerungsarten zu experimentieren, z.B. mit einer Spitzenlagerung, denn die hydrostatischen Lagerung ist nicht die erste Wahl für spätere technische Anwendungen. Allerdings ist der Bau eines spitzengelagerten Rotors zur technischen Reife noch in der Entwicklung und benötigt noch einige Optimierungen (Abschnitt 5).

Die erste Realisierung der hydrostatischen Lagerung mit einem schwimmenden Rotor fand in einem Wasserbecken statt (später folgt eine weitere andere Realisierung), wobei die drei unteren Flügelspitzen auf Styropor-Schwimmkörper gesetzt wurden, wie in Abb.12 zu sehen. Es stellte sich heraus, dass diese Art der Lagerung außer der geringen Reibung noch einige weitere praktische Vorteile hatte, die zum Gelingen des Experiments hilfreich waren. Zum Einen wird der schwimmend auf einer Wasseroberfläche gelagerte Rotor immer exakt in der waagerechten Ausrichtung gehalten, sodaß eine waagerechte Justage der Feldquelle relativ zur Wasseroberfläche (die eine präzise Horizontale festlegt) automatisch für gute eine Einhaltung der Feldgeometrie des elektrostatischen Feldes sorgt. Erinnert man sich an die großen Coulombkräfte senkrecht zur Rotationsebene, so ist diese Vorteil nicht zu unterschäten. Zum Anderen erlaubt die schwimmende Lagerung ein seitliches Versetzen des Rotors, das aufgrund der anziehenden Eigenschaft der Coulombkräfte zwischen Rotor und Feldquelle den Rotor möglichst dicht an Feldquelle heranzieht. Dadurch entsteht ein Mechanismus der Selbstjustage des Rotors im Potentialminimum des elektrostatischen Potentials der Feldquelle. Diese

Selbstjustage ist deshalb so außerordentlich wichtig, weil ein relativ zur Feldquelle schlecht justierter Rotor sich nur so lange dreht, bis seine Rotorblätter innerhalb der Drehbewegung zu einem Potentialminimum im elektrischen Feld gelangen, was logischerweise nach weniger als einer ganzen Umdrehung irgendwann erreicht sein muß. In diesem Zustand bleibt ein schlecht justierter Rotor stehen. Nur ein optimal justierter Rotor kann die endlose Drehbewegung zur Wandlung von Vakuumenergie ausführen. Und eben diese optimale Justage vollführt der schwimmende Rotor selbstständig.

Abb. 12: Photo des elektrostatischen Rotors unter der Feldquelle im durchgeführten Experiment. Es handelt sich um einen einfach handgemachten Aufbau, der rasch zu fertigen ist, der aber ausreicht, um das Experiment erfolgreich durchzuführen.

Übrigens benötigt man zum Ingangsetzen des Selbstjustagemechanismus weniger Spannung als zum Antrieb der Drehbewegung des Rotors, sodaß sich durch langsames Anfahren der Spannung der Rotor erst justieren lässt und dann eine weitere Erhöhung der Spannung die Drehbewegung starten lässt. In der Praxis bereitet es aber keine Probleme, die Spannung sofort soweit zu erhöhen, dass die Selbstjustage und die Drehbewegung gleichzeitig einsetzen.

Die praktische Durchführung des Experiments beginnt nun folgendermaßen:

Um eine extreme Leichtbauweise zu erreichen, wurden die Rotorblätter aus Aluminiumfolie mit einer Materialstärke von ca. $10\mu m$ gefertigt, die mit gewichtsarmem Cyanoacrylat-Klebstoff auf Rahmen aus Balsaholz aufgespannt sind. Die Rotorblätter wurden mit einem Zweikomponenten-

Flüssigkunststoff (Stabilit Express) aneinander fixiert, in den zusätzlich mittig am Ort der Rotationsachse eine dünne Eisenstange eingelassen worden war. Die Rotorblätter wurden dann mit feinem Kupferdraht (Dicke ca. $60\mu m$) miteinander und mit der Eisenstange verbunden, die nach unten ins Wasser ragte. Auf diese Weise konnten die Rotorblätter über das Wasser geerdet werden, auf dem sie schwimmen.

In dieser Konfiguration wurde zuerst der Rotor auf das Wasser gesetzt und danach die Feldquelle angebracht und waagerecht justiert. Danach folgte das elektrostatische Aufladen der Feldquelle, d.h. sie wurde auf Potential gelegt. Dabei ist unbedingt darauf zu achten, dass alle elektrischen Kabel unter Spannung weit vom Rotor entfernt sind (mehrere Meter), da sie andernfalls Inhomogenitäten des elektrischen Feldes am Ort des Rotors erzeugen würden, die eine kontinuierliche Rotation vereiteln würden. Beim Einschalten der Spannung begann zuerst die Selbstjustage des Rotors und dann die Drehbewegung. Abb.13 zeigt eine Beispielmessung der Rotation, wobei unter optischer Kontrolle die Zeitpunkte aufgeschrieben worden waren, zu denen der Rotor Schritte von Vielfachen von 60° durchlaufen hatte.

Anzumerken sei, dass eine gewisse statistische Streuung der Werte daraus resultiert, dass während des Drehens kleine seitliche Bewegungen des Propellers auftraten im Zusammenhang mit dem oben erwähnten Selbst-Justage-Mechanismus. Es versteht sich von selbst, dass Gaskonvektion (und ein damit verbundener Luftzug) sorgfältig vermieden wurde.

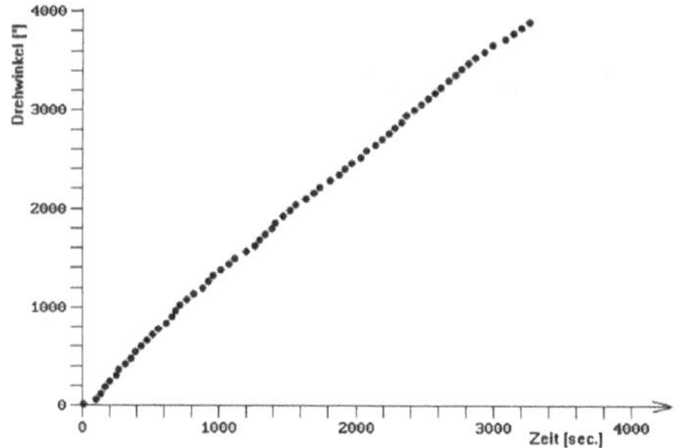

Abb. 13: Beispiel für eine Messung der Drehung des Rotors aus Abb.12 unter den oben beschriebenen Bedingungen. Der Drehwinkel wird in Grad angegeben, sodaß jeder vollen Umdrehung 360° entsprechen.

Desweiteren sei erwähnt, dass die elektrische Spannung zwischen der Feldquelle und dem Rotor im Verlauf der Beispielmessungen zu Abb.13 etwas abgesunken ist. Zu Beginn war eine Spannung von $U = 7kV$ angelegt worden. Nach etwa 6-8 Umdrehungen und Ablauf halben Stunde war mit der Datenaufzeichnung begonnen worden, wobei inzwischen die Spannung auf $U = 6kV$ abgesunken war. Während der nachfolgenden Stunde der Datenaufnahme war die Spannung weiter gesunken bis auf $U = 4.5kV$. Dadurch erklärt sich die Tatsache, dass die Winkelgeschwindigkeit der Rotation mit fortschreitender Zeit abnimmt.

Es folgt nun eine numerische Abschätzung der Ergebnisse, insbesondere der aus dem Vakuum gewandelten Antriebsleistung:

Bei einem Gewicht von $m=8.7\,Gramm$ zuzüglich 3 Styropor-Schwimmkörpern mit je $m=0.56\,Gramm$ ergibt sich für den Rotor ein Trägheitsmoment der Rotation von $J \approx 3.2 \cdot 10^{-4} kg \cdot m^2$ und daraus eine Winkelbeschleunigung von $\alpha \approx 2.1°/sec.^2$. Dem steht eine durchschnittliche Winkelgeschwindigkeit von $\omega \approx 0.84°/sec.$ gegenüber, die der Rotor in Anbetracht der gegebenen Winkelbeschleunigung in weniger als 0.4 Sekunden erreichen kann. Eine derart kurze Beschleunigungsphase wurde während der Messungen nicht bestimmt. Die mechanische Leistung, die den Rotor antreibt, beträgt damit durchschnittlich $P = 1.75 \cdot 10^{-7} Watt$, sie wird letztlich an das Wasser übertragen.

Damit wurde erstmals die Funktionsfähigkeit eines elektrostatischen Rotors zur Konversion von Vakuum-Energie in mechanische Energie praktisch nachgewiesen. Das hat einerseits eine Bedeutung für die physikalischen Grundlagen, denn es bestätigt die Aussagen der Abschnitte 2 und 3. Es hat andererseits aber auch eine Bedeutung für die Energiegewinnung, denn bei hinreichend exakter mechanischen Fertigung und guten elektrischen Isolatoren, die ein Abfließen der Ladungen von der Feldquelle minimieren, darf auf eine Erzeugung mechanischer Energie aus dem Vakuum gehofft werden.

Eine zweite experimentelle Verifikation der Wandlung von Vakuumenergie wurde mit Rotoren auf Spitzenlagern in verschiedenen Größen begonnen [e12]. Einen davon sieht man in Abb.14. Das Spitzenlager besteht aus einer Glaskuppel, die von der Spitze einer Stahlnadel gehalten wird, wie man es in einer handelsüblichen Lichtmühle findet. Die Rotorblätter sind aus dem selben Material aufgebaut, wie diejenigen in Abb.12, nämlich mit Aluminiumfolie auf Balsaholzträgerleisten. Sie haben eine Oberfläche von je 3.5 cm x 6.0 cm und laufen im Abstand von 3.8 ... 4.0 cm von der Feldquelle entfernt. (Der Abstand zur Feldquelle verändert sich fortwährend im Laufe der Rotation.)

Abb. 14: Elektrostatischer Rotor mit vier Rotorblättern auf einem Spitzenlager in der Anordnung unter einer ebenen Feldquelle aus Aluminium.

Tests mit geerdeten Rotorblättern und elektrisch geladener Feldquelle zeigen folgende Ergebnisse:

- Feldquelle auf einem Potential von 1100 Volt → 4 Umdrehungen pro Minute.
- Feldquelle auf einem Potential von 1400 Volt → 12 Umdrehungen pro Minute.
- Weitere Erhöhung der elektrischen Spannung erhöht deutlich die Drehzahlen.

An dieser Stelle sei erwähnt, dass eine exakte Justage der Feldquelle und des Rotors relativ zueinander von entscheidender Bedeutung ist. Dies hat zur Folge, dass die Justage mit einiger Sorgfalt betrieben werden muss, da das starre Feststehen der Rotationsachse den Selbstjustier-Mechanismus des schwimmend gelagerten Rotors nicht ermöglicht. Es ist also einerseits darauf zu achten, dass die Ebene der Rotationsbewegung parallel zur Feldquelle verläuft und andererseits der Rotor gut im Minimum des elektrostatischen Potentials unter der Feldquelle angebracht. Sind diese Bedingungen missachtet, so dreht sich der Rotor nur für den Teil einer Umdrehung und bleibt dann dort stehen, wo seine Position ein Energieminimum im elektrostatischen Potential finden. Nur wenn die antreibende Kraft an allen Stellen der Umdrehung größer ist als die zurückhaltende Kraft im Energieminimum (wobei ggf. ein vorhandener Drehimpuls helfen kann, über ein Energieminimum hinweg zu kommen), kann eine endlose Rotation stattfinden. Bei hinreichend exakter Justage ist solch eine endlose Drehbewegung kein Problem. Die oben angegebenen Umdrehungsgeschwindigkeiten sind nur bei wirklich guter Justage zu erreichen.

Die niedrige Einstellung der Spannung (der Rotor beginnt ab 1100 Volt zu drehen) dient der Vermeidung der Ionenbildung von Gasionen der umgebenden Luft. Selbstverständlich ist klar, dass ein Antrieb durch Rückstöße von Gasionen der Luft sicher ausgeschlossen werden muss [Dem 06], im Gegensatz zu [Bro 28] und [Bro 65], wo Biefeld und Brown den Ionenrückstoß technisch nutzen. Um Rückstöße von Gasionen mit völliger Sicherheit auszuschließen, wurde das Experiment später ins Vakuum übertragen – und der Rotor dreht sich dort auch.

Erste Vorüberlegungen zum Ausschluß eines Antriebs durch Rückstöße ionisierter Luftmoleküle sind in [e9] vorgestellt. Es folgten weitere Tests in [e13]. Die letztgenannten seien hier kurz berichtet. Der entscheidende Punkt dabei ist eine Veränderung der Form der Rotorblätter des Rotors aus Abb.14:

▪ Sind die anziehenden Coulombkräfte für den Antrieb entscheidend, so dreht sich der Rotor in Abb.14 im Uhrzeigersinn, ebenso wie der veränderte Rotor in Abb.15.

▪ Würden hingegen die Rückstöße von Gasionen den Antrieb dominieren, so ergäbe sich ein anderes Verhalten. Gasmoleküle der Luft werden in den Regionen der größten Feldstärken ionisiert, die aufgrund der Spitzenladungseffekte an den Oberkanten der Rotorblätter vorliegen. Die dort gebildeten Gasionen würden dann dem Gradienten des elektrostatischen Feldes folgend, beschleunigt werden. Die dabei erzeugten Rückstoßkräfte auf die Rotorblätter würden den Rotor von Abb.14 im Uhrzeigersinn drehen, den Rotor von Abb.15 jedoch entgegen dem Uhrzeigersinn.

▪ Tatsächlich wurde das erstgenannte Verhalten der Rotation aufgrund anziehender Coulombkräfte beobachtet, was als Hinweis darauf zu deuten ist, dass von die Coulombkräfte tatsächlich existieren.

Sicher ausgeschlossen wird der Antrieb durch Gasionisation im nachfolgenden Abschnitt 4.3, wobei die Gasmoleküle der Luft entfernt werden.

Abb. 15: Veränderung des Rotors von Abb.14, um den Einfluß elektrohydrodynamisch bedingter Rückstöße von Ionen zu untersuchen.

4.3 Experimentelle Verifikation unter Ausschluß von Gas

Mit dem Test zu Abb.15 lässt sich zwar nicht ausschließen, dass die folgenden beiden Kräfte nebeneinander auftreten

(a.) anziehende Coulombkräfte (im Zusammenhang mit der Wandlung von Vakuumenergie)

(b.) Rückstoßkräfte ionisierter Gasmoleküle,

aber die Tatsache, dass die dargestellte Veränderung der Form der Rotorblätter die Drehrichtung nicht beeinflußt, zeigt, dass die anziehenden Coulombkräfte tatsächlich auftreten. Um hieraus eine quantitative Abschätzung über das Verhältnis zwischen beiderlei Kräften folgern zu können, sind die geometrischen Unsicherheiten im Aufbau zu groß. Eine solche quantitative Abschätzung der Größenordnungen wird am Ende des Abschnitts 4.3 aufgrund der Experimente im Vakuum möglich sein.

Mit den berichteten Tests an Luft ist zwar noch kein vollständiger Beweis erbracht, dass die Rotation auch ohne Anwesenheit von Gasmolekülen möglich ist, aber dieser endgültige Beweis wird nachfolgend beschrieben. Um eine Wechselwirkung des Aufbaus mit Gasmolekülen oder Gasionen sicher auszuschließen, wurden diese entfernt, d.h. der elektrostatische Rotor wurde im Vakuum betrieben [Kna 08/09], [e14].

Bevor das eigentlich erfolgreiche Experiment beschrieben wird, sei kurz eine noch nicht erfolgreiche Vorarbeit erwähnt, denn aus ihr werden einige Hintergründe zur Funktionsweise des elektrostatischen Rotors ersichtlich.

Bei dieser Vorarbeit wurde ein spitzengelagerter Rotor aus Eisenblech hergestellt, wie er in Abb.16 zu sehen ist. Er wurde durch einfaches Schneiden und Biegen eines Blechs gefertigt, anschließend entgratet und poliert und in diesem Zustand auf die Spitze einer Nähnadel aufgesetzt. Der Grund für diese einfache Bauart ist der Einsatz vakuumtauglicher Materialien. An dem Beispiel erkennt man übrigens auch, wie unkompliziert ein elektrostatischer Rotor präpariert werden kann.

Dieser Rotor wurde an Luft (so wie im Photo des Abb.16) erfolgreich getestet, wobei der Rotor sehr wackelig auf der Nadel sitzt und leicht herabfällt. War die laterale Justage der Rotorachse im Potentialminimum des elektrostatischen Potentials der Feldquelle nicht ganz exakt, was aufgrund des Ausbleibens des von der schwimmenden Lagerung bekannten Selbstjustier-Mechanismus fast zwangsläufig passiert, so ist die Rotationsebene des Rotors gegenüber der waagerechten Unterfläche der Feldquelle verkippt, d.h. der Rotor dreht sich in einer nicht waagerechten

Ebene. Bei brauchbarer Justage genügen aber bereits Spannungen im Bereich von $2...3kV$, um den Rotor in eine sehr schnelle Drehung von einigen Umdrehungen pro Sekunde zu versetzen, wobei sich die Drehzahl bei moderater Erhöhung der Spannung $3...4...5kV$ bis auf einigen Zehn Umdrehungen pro Sekunde erhöhen lässt.

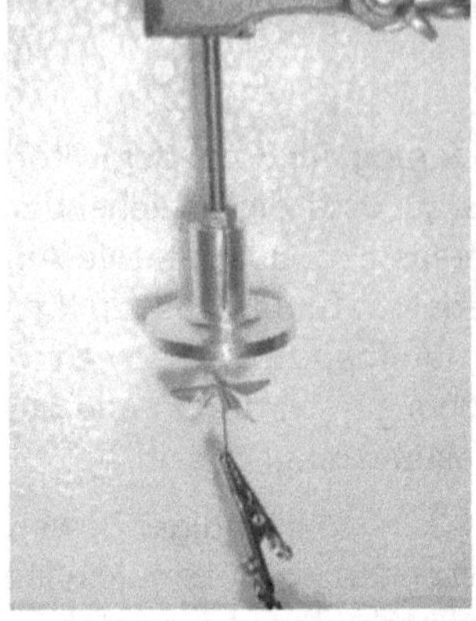

***Abb. 16:** Elektrostatischer Rotor aus Eisenblech mit einem Durchmesser von ca. $2.5\,cm$. Die Feldquelle aus Aluminium wird von oben durch Anlegen einer Hochspannung aufgeladen, sodaß der Rotor keine Kabel sieht. Kabel würden Verlauf des elektrischen Feldes zu stark stören. Der Rotor wird über die Krokodilklemme geerdet, die die metallische Nadel hält, wobei die Erdung wieder ohne in der Nähe liegende Kabel zu bewerkstelligen ist. Da sich der Rotor auf der Nadelspitze neigen kann, verkippt die Rotationsebene beim Anschalten der Hochspannung, besonders beim Beitrieb im Vakuum. Im praktischen Einsatz hat sich das Verkippen nicht vermeiden lassen, sodaß der Rotor immer beim Einschalten der Hochspannung heruntergefallen ist. Aus diesem Grunde muß für das tatsächliche Experiment im Vakuum dann eine andere Lagerung verwendet werden*

Und eben durch das Fehlen der Möglichkeit des Selbstjustier-Mechanismus entsteht ein Problem beim Einbringen des Rotors in eine metallische Kammer (mit leitfähigen Wänden), wie zum Beispiel in einen Vakuumrezipienten. Eine solche Kammer nimmt nämlich einen drastischen Einfluß auf den Verlauf der Feldlinien des elektrostatischen Feldes, sodaß es praktisch nicht möglich ist, den Rotor derart im elektrostatischen Feld zu positionieren, dass eine Drehung stattfindet. Mit dem Rotor aus Abb.16 ist es lediglich gelungen, den Beginn einer Drehbewegung von wenigen Winkelgrad zu erzielen, gefolgt von einem alsbaldigen Absturz des Rotors. Dies gilt für eine mit Luft gefüllte Kammer in gleicher Weise wie für eine evakuierte Kammer. Die Beobachtung wurde auch mit dem Rotor aus Abb.14 in einer Kammer entsprechender Größe bestätigt, wobei die Rotorblätter im Inneren der Kammer verkippen (anders als ohne Kammer auf dem freien Labortisch), aber die Tiefe der auf der Spitze aufsitzenden Glaskuppel ein Herabstürzen des Rotors verhindert. Der stark geneigte Rotor wird sich aufgrund der starken Reibung zwischen dem unteren Rand der Glaskuppel und der Nadel nicht drehen können. All dies demonstriert, dass der elektrostatische Rotor im Inneren einer metallischen Kammer wesentlich empfindlicher auf eine suboptimale Justage reagiert als auf dem offenen Labortisch.

Nach diesen Voruntersuchungen war zu vermuten, dass die effektivste Methode, um den ersten elektrostatischen Rotor im Inneren einer metallischen Kammer in Rotation zu versetzen, eine Einführung des Selbstjustier-Mechanismus des schwimmenden Rotors in die metallische Kammer wäre. Um diese Vermutung zu überprüfen, wurde ein Rotor nach Abb.17 hergestellt und mit Styroporschwimmern auf Wasser in einer nichtevakuierbaren metallischen Kammer getestet. Der Selbstjustier-Mechanismus griff ab einer Spannung von etwa 1 kV und die Rotation erfolgte problemlos ab etwa 2 kV mit ca. 1 Umdrehung in 3...5 Sekunden bis zu mehreren Umdrehungen pro Sekunde bei einer Spannung von 4 kV.

Abb. 17: Rotor aus Aluminiumfolie auf Balsaholz, der auf vier Styroporschwimmern auf Wasser in einer metallischen Kammer erfolgreich getestet wurde.

Um dieses funktionsfähige Prinzip ins Vakuum übertragen zu können, muss natürlich das Wasser, auf dem der Rotor schwimmt, durch eine vakuumtaugliche Flüssigkeit ersetzt werden. Hierfür wurde ein spezielles Vakuumöl mit einem möglichst niedrigen Dampfdruck gesucht und im „Ilmvac, LABOVAC-12S" mit einem Dampfdruck von $10^{-8} mbar$ gefunden [Ilm 08]. Nicht ganz ideal ist dabei die große Viskosität des Öls. Es hat laut Herstellerangabe eine dynamische Viskosität bei 40°C von $\eta = 94 milli\,Poise$, die die dynamische Viskosität des Wassers bei 40°C von $\eta = 0.65 milli\,Poise$ um mehr als zwei Zehnerpotenzen übersteigt. Das führt dazu, dass ein auf diesem Öl schwimmender Rotor deutlich höhere Antriebskräfte und somit Spannungen benötigt als auf Wasser und dass sich der Rotor auf diesem Öl wesentlich langsamer dreht als auf Wasser. Bei Voruntersuchungen an Luft mit zwei Rotoren mit Durchmessern von $51mm$ bzw. $58mm$ waren Spannungen von mindestens $8...12kV$ nötig, um überhaupt eine Rotation zu erzielen, wobei die Winkelgeschwindigkeit der Drehbewegung bei etwa 2 ... 3 Stunden für eine Umdrehung lag. Im Vergleich dazu drehen die selben Rotoren auf Wasser bereits bei Spannungen ab $1.5...2kV$ und erreichen Winkelgeschwindigkeiten von einer bis zu einigen Umdrehungen pro Sekunde. Die Werte für die Winkelgeschwindigkeiten der Rotoren auf Vakuumöl werden wir später wiedererkennen, wenn der Rotor im Vakuum arbeitet.

Da das Vakuumöl keine messbare Leitfähigkeit zeigte, wurde die Erdung der Rotorblätter mit Hilfe eines Kupferfadens mit einem Durchmesser von ca. $60\mu m$ realisiert, der den Boden der metallischen Kammer berührt. Die Styropor-Schwimmkörper (siehe Abb.17) wurden durch Balsaholz-Schwimmkörper ersetzt, die zur Versiegelung gegenüber einem Eindringen des Vakuumöls mit chemisch beständigem Flugzeugspannlack überzogen sind. Aufgrund der großen Zähigkeit des Öls bremst der Kupferdraht die Drehung des Rotors ein wenig. Da dieser Einfluß bei den Vortests an Luft ebenso zu beobachten wie im Vakuum, und da er überdies die Drehung des Rotors nur geringfügig beeinflusste, wurde er belassen. Der Rotor auf Balsaholz-Schwimmkörpern ist in Abb.18 zu sehen.

Was die Gegenüberstellung der beiden möglichen antreibenden Kräfte, nämlich (a.) anziehende Coulombkräfte und (b.) Rückstoßkräfte ionisierter Gasmoleküle (siehe Anfang des Abschnitts 4.3) anbetrifft, so ist klar, dass die Kraft nach (b.) nur bei den Tests an Luft möglich ist, die Kraft nach (a.) hingegen in Luft ebenso wie im Vakuum. Tritt die Kraft nach (b.) gar nicht auf, so sollte der Rotor bei gleichen Potentialverhältnissen im Vakuum genauso schnell drehen wie Luft. Tritt hingegen die Kraft nach (b.) bei den Tests an Luft auf, so sollte der Rotor bei gleichen Potentialverhältnissen an Luft schneller drehen als im Vakuum. Tritt die nachzuweisende Kraft nach (a.) nicht auf, so sollte sich der Rotor im Vakuum gar nicht drehen.

Abb. 18: Bild des $58mm$ -elektrostatischen Rotors aus Aluminiumfolie auf Balsaholz, bekannt aus Abb.17. Die Styropor-Schwimmkörper wurden durch Balsaholz-Schwimmkörper ersetzt, die zur Versiegelung mit chemisch beständigem Flugzeugspannlack überzogen sind. Die Aluminiumflügel wurden mit einem Kupferfaden verbunden, der durch die Mitte der Rotationsachse nach unten geführt ist, um den Boden der Metallwanne zu berühren-

Zwei Rotoren wurden hergestellt und erfolgreich in einer metallischen Kammer an Luft getestet (ein Rotor mit Durchmesser von $51mm$ (Abb.19) und einer mit Durchemsser $58mm$ (Abb.18)) und danach einzeln in eine Vakuumkammer eingebracht, die einen Durchmesser von $100mm$ hat. Die Feldquelle mit einem Durchmesser von $63mm$ am unteren Ende besteht aus Aluminium. Sie ist in Abb.20 zu sehen.

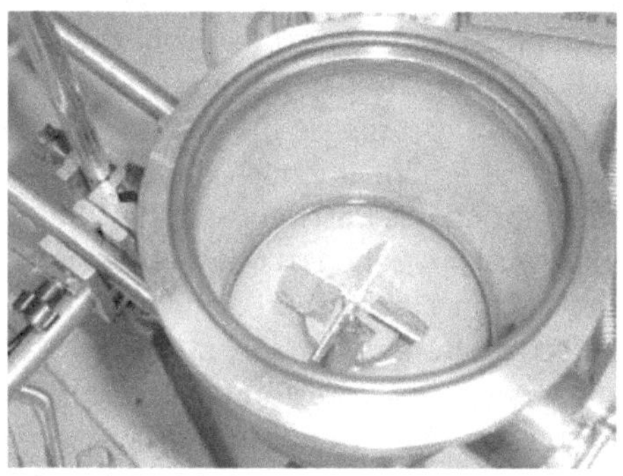

Abb. 19: Bild des $51mm$ -elektrostatischen Rotors in einer geöffneten Vakuumkammer, schwimmend auf Vakuumöl. Der blau versiegelte Balsaholz – Schwimmkörper ist hier aus einem Stück gefertigt, sodaß der Erdungsdraht durch die Mitte des Schwimmkörpers zum Boden der Vakuumkammer geführt werden konnte.

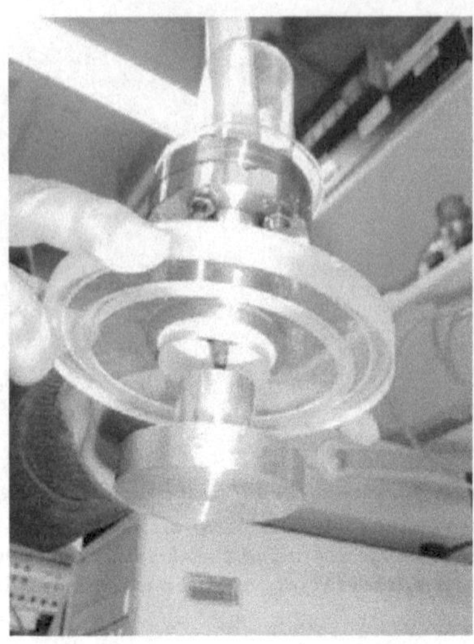

Abb. 20: Die Feldquelle aus Aluminium war am Deckelflansch befestigt und wurde mit einer Hochspannungsdurchführung versorgt, über die Spannungen von $0 \ldots 30\,kV$ angelegt werden konnten.

Der Ablauf des Experiments, bei dem sich der Rotor schließlich im Vakuum drehte, war folgender:

Zuerst wurde der Rotor in die Vakuumkammer eingebracht und dann der Deckel mit der Feldquelle geschlossen. Darauf folgte ein Anlegen der Hochspannung (variabel im Bereich von $10 \ldots 20\,kV$) zwecks Tests der Rotation unter Luft. Zu diesem Zeitpunkt sind im Prinzip sowohl die anziehenden Coulombkräfte als auch die Rückstöße ionisierter Gasteilchen möglich. Letztere führen aber zu einem messbaren Ionenstrom, der sich besonders zu Beginn des Abpumpens erhöht, nämlich dann, wenn der Druck Werte erreicht, bei denen aufgrund des Paschen-Gesetzes [Ker 03], [Umr 97] Gasionisation begünstigt wird. Im Gegensatz dazu erzeugen die elektrostatischen Coulombkräfte keinen elektrischen Strom. Zu Beginn des Abpumpens wurde ein elektrischer Strom gemessen, besonders dann, wenn der Druck den Bereich maximaler Gasionisation passieren musste [Ker 03], [Umr 97]. Dies tritt besonders deutlich auf in der Druckregion von etlichen $10\,mbar$ bis hinunter zu wenigen Zehntel $mbar$, was sich anhand des Paschen-Gesetzes erklären lässt:

Bei einem Abstand von ca. $19 \ldots 20\,mm$ zwischen der Oberkante der Rotorblätter und der Unterfläche der Feldquelle tritt das Paschen-Minimum der Durchschlagsspannung (mit $p \cdot d = 7.5 \cdot 10^{-6}\,m \cdot atm$, wo $p =$ Druck und $d =$ Plattenabstand) mit einem (berechneten) Druck von etwa $p \approx 0.4\,mbar$ auf. In diesem Bereich ist die Leitfähigkeit des Restgases aufgrund der Gasionisation maximal. Da das Hochspannungsgerät mit einer Strombegrenzung betrieben wurde (z.B. bei $50\mu A$) fiel die Spannung in diesem Druckgebiet bis auf $0.6kV$ ab und es wurden violett leuchtende Streamer sichtbar (am besten waren diese erkennbar, wenn das Labor abgedunkelt wurde). Mit weiter fallendem Druck waren nur noch einzelne Entladungen festzustellen, und zwar sowohl optisch (im verdunkelten Raum durch ein Sichtfenster in den Vakuumrezipienten) wie auch durch kurzzeitige Spitzen des gemessenen Stroms. Im Bereich von ca. $10^{-3}mbar$ traten Gasentladungen dann nicht mehr auf. Unterhalb dieses Drucks ist sichergestellt, dass ein Antrieb des Rotors vermittels rückstoßender Kräfte ionisierter Restgasatome nicht mehr stattfindet.

Abgepumpt werden konnte beim Rotor nach Abb.19 bis zu einem Druck von $6\cdot10^{-5}mbar$, beim Rotor nach Abb.18 bei zu einem Druck von $1\cdot10^{-4}mbar$, in beiden Fällen hinreichend, um Gasentladungen sowohl optisch als auch durch Strommessung auszuschließen. Eine Kontrolle der Abwesenheit von Überschlägen wurde durch Erhöhung der Spannung vorgenommen. Wurde diese über einen kritischen Wert (z.B. ca. $17kV$ beim $58mm$-Rotor) erhöht, so traten wieder einzelne Überschläge auf, die anhand der Strommessung deutlich und bequem zu erkennen waren.

Unter vollem Luftdruck war die Drehung des Rotors in der Vakuumkammer ebenso zu beobachten wie auf dem freien Labortisch ohne Vakuumkammer. Beim Abpumpen hingegen ergab sich folgendes Bild:

Während des Zusammenbrechens der Hochspannung im Verlauf des Abpumpvorgangs war keine Rotation zu beobachten (dafür reichte die übriggebliebene Spannung nicht aus). Während dieser Phase trat aber auch eine heftige Entgasung der Schwimmkörper und des Öls auf, sodaß das Vakuumöl anfing zu brodeln. (Dies war besonders deutlich der Fall, als beim Rotor nach Abb.18 die blauen Schwimmkörper durch Styropor ersetzt wurden, welches aufgrund seiner Entgasung für Vakuum nicht gut geeignet ist, und nur deshalb zum Vergleich verwendet wurde um den Auftrieb des Schwimmkörpers zu maximieren, damit die Reibung in dem sehr zähen Öl minimiert werden konnte.) Mit zeitlich abklingender Entgasung der Schwimmkörper ließ das Brodeln des Öls wieder nach. Trotzdem wurde die Spannung während des Abpumpens nicht völlig abgeschaltet, um mit Hilfe des Selbstzentriermechanismus des Rotors unter der Feldquelle ein Anhaften des Schwimmkörpers an der Seitenwand des Rezipienten zu vermeiden. Mit sinkendem Druck und dem dadurch bedingten gleichzeitigen Verschwinden der Gasionisation verschwand auch der Ionisationsstrom wieder, sodaß die Spannung des strombegrenzten Hochspannungsgeräts wieder auf den voreingestellten Wert (z.B. von z.B. $16kV$ im Beispiel des oben erwähnten Tests, der bei $17kV$ begann, elektrische Überschläge zu zeigen) ansteigen konnte. Als die Spannung wieder anstieg, begann der Rotor wieder mit seiner Rotation. Beim $58mm$-Rotor, einer Spannung von $16kV$ und einem Abstand von ca. $19 \ldots 20mm$ zwischen der Oberkante der Rotorblätter und der Unterfläche der Feldquelle betrug die Winkelgeschwindigkeit ca. eine Umdrehung pro etwa 2 ... 3 Stunden – einen Wert den wir aus den Vortests an Luft wiedererkennen, dort allerdings bei einer geringeren Spannung. Damit ist klar, dass beide der unter (a.) und (b.) genannten Kräfte an Luft auftreten, nämlich sowohl die anziehenden Coulombkräfte aus der hier nachzuweisenden Wandlung von Vakuumenergie als auch Rückstoßkräfte ionisierter Gasmoleküle. Fallen die letztgenannten Kräfte nach dem Abpumpen der Gasmoleküle weg, so lassen sich durch eine Vergrößerung der Feldstärken die antreibenden Coulombkräfte wieder hinreichend erhöhen, sodass eine Rotation stattfindet.

Dies ist der entscheidende Beweis dafür, dass auch im Vakuum, also unter Abwesenheit von Gasmolekülen, von Ionen und von Gasentladungen, die Wandlung von Raumenergie in klassische mechanische Rotationsenergie mit dem in der vorliegenden Arbeit vorgestellten elektrostatischen Rotor stattfindet.

Ein kurzer Vergleich der zum Antrieb verwendeten Spannungen zeigt die vorhandenen Drehmomente und erlaubt eine grobe Abschätzung des Verhältnisses zwischen den Kräften beiderlei Mechanismen nach (a.) Coulombkraft und nach (b.) Ionenrückstöße. Dazu seien die beiden folgenden bisher berichteten Fakten nebeneinander gestellt:

- In Abschnitt 4.3 wurde von zwei Tests mit gleichen Drehzahlen (eine Umdrehung pro etwa 2 ... 3 Stunden) in Luft und im Vakuum berichtet, jedoch mit einer Spannung von $10kV$ bei der Drehung an Luft gegenüber einer Spannung von $16kV$ bei der Drehung im Vakuum.

- In Abschnitt 4.2 wurde die Proportionalitätsbeziehung zwischen dem antreibenden Drehmoment M und der Spannung U erläutert, nämlich $M \propto U^2$.

Mit der Notation

$M_{A,L} =$ Drehmoment nach Mechanismus (a.) an Luft,

$M_{B,L} =$ Drehmoment nach Mechanismus (b.) an Luft,

$M_{A,V} =$ Drehmoment nach Mechanismus (a.) im Vakuum,

$M_{B,V} =$ Drehmoment nach Mechanismus (b.) im Vakuum (prinzipiell ist $M_{B,V} = 0$),

lässt sich die Relation zwischen den antreibenden Kräften wie folgt abschätzen:

(i.) $M_{A,L} + M_{B,L} = M_{A,V}$ wegen der Gleichheit der Winkelgeschwindigkeiten

(ii.) $M_{A,V} = \left(\frac{16}{10}\right)^2 \cdot M_{A,L}$ wegen der Proportionalität $M \propto U^2$

Zwei Gleichungen mit drei Unbekannten lassen sich nach einer Relationsbeziehung auflösen. Wir setzen (ii.) in (i.) ein und erhalten

$$M_{A,L} + M_{B,L} = M_{A,V} = \left(\frac{16}{10}\right)^2 \cdot M_{A,L} \quad \Rightarrow \quad M_{B,L} = \left[\left(\frac{16}{10}\right)^2 - 1\right] \cdot M_{A,L} = 1.56 \cdot M_{A,L} \qquad (1.68)$$

Demnach ist an Luft bei gleicher Geometrie der Rotorblätter (nicht zu verwechseln mit der Geometrieveränderung entsprechend Abb.15) sogar das Drehmoment $M_{B,L}$ aufgrund des Rückstoßes ionisierter Gasteilchen größer als das Drehmoment $M_{A,L}$ aufgrund der Coulombkräfte im Zusammenhang mit der Wandlung von Vakuumenergie. Das ändert nichts an der Tatsache, dass die Coulombkräfte unter Ausschluß von Gasteilchen existieren und im Experiment nachgewiesen wurden. Und dieser letztgenannte Aspekt ist das Entscheidende Ergebnis der ersten Versuche im Vakuum. Über weitere Versuche im Vakuum wird im nächsten Abschnitt berichtet.

4.4 „Netto-Leistungsgewinn" zum Ausschluß von Artefakten

Wiederholt war das Argument zu hören, ein endgültiger Nachweis, dass der mechanische Antrieb des Rotors wirklich auf Vakuumenergie beruht, sei erst dann mit Sicherheit erbracht, wenn die erzeugte mechanische Leistung größer ist, als die elektrischen Leistungsverluste, die aufgrund von Imperfektionen der elektrischen Isolation beim Aufrechterhalten des für den Antrieb benötigten elektrischen Feldes entstehen [Kah 08]. Nur so könnten Artefakte der Messung im Bezug auf einen Antrieb durch klassische Energie mit letzter Sicherheit ausgeschlossen werden. Dahinter steht die Überlegung, dass man sämtliche nur denkbar möglichen Wege für einen Transport elektrischer Energie und deren Umwandlung in mechanische Energie ausschließen muß, bevor man wirklich sicher sein kann, dass die mechanische für den Antrieb des Rotors benötigte Energie aus der Vakuumenergie entnommen wird. Mit letzter Sicherheit erbracht ist dieser Beweis, wenn die elektrische Leistung geringer ist als die erzeugte mechanische Leistung. Dieses Kriterium wollen wir als das Kriterium des „Netto-Leistungsgewinns" bezeichnen, dessen Nachweis Thema des Abschnitts 4.4 ist. Tatsächlich wurde der Beweis erbracht, in der Form, dass ein laufender Vakuumenergie-Rotor betrieben wurde, der eine elektrische Leistung von $P_{el} = (2.87 \pm 0.89) \cdot 10^{-9} Watt$ einer erzeugten mechanischen Leistung von ca. $P_{mech} \approx (1.5 \pm 0.5) \cdot 10^{-7} Watt$ gegenüberstellt, sodaß mindestens die Leistungsdifferenz $P_{mech} - P_{el}$ mit Sicherheit der Raumenergie entnommen wurde [e17].

Wie aus Abschnitt 4.3. bekannt ist, speziell aus (1.68) mit Kommentar, würden Gasionen Ladungen transportieren (auch wenn nicht alle Gasionen dadurch ein antreibendes Drehmoment erzeugen), die einen Strom erzeugen, mit dem Leistungsverluste verknüpft wären, die leicht oberhalb der freiwerdenden mechanischen Leistung liegen können. Daher ist der Rotor für den Nachweis des „Netto-Leistungsgewinns" im Vakuum zu betreiben [Kna 08/09]. Um die Problematik der raumfesten Achse, die in Abschnitt 5.2. besprochen werden wird, zu vermeiden, weil durch sie die Funktionsweise des Rotors gewaltig erschwert wird (besonders im Inneren einer metallischen Kammer), wurde abermals ein auf Öl schwimmender Rotor verwendet, wobei allerdings aus praktischen Gründen die Schwimmkörper aus Abb.18 und Abb.19 durch ein oben offenes „Schiffchen" ersetzt wurden, sodaß das Ausgasen des Schwimmkörpers beim Evakuieren der Vakuumkammer unproblematisch wurde. Auf diese Weise konnte der bereits vorgestellte „Selbstjustier-Mechanismus" des schwimmend gelagerten Rotors unter der Feldquelle erfolgreicht genutzt werden. Als Fluid auf dem der Rotor schwimmt, wurde das in Abschnitt 4.3. vorgestellte Vakuumöl „Ilmvac, LABOVAC-12S" beibehalten. Aufgrund der sehr geringen Masse im Verhältnis zum Volumen des Schwimmkörpers, schwimmt der so gefertigte Rotor mit einer eher geringen Eintauchtiefe auf dem Öl, sodaß die Formgebung des Schwimmkörpers dazu beiträgt, die Reibung in dem ohnehin sehr zähen Öl zu minimieren. Trotzdem musste in Kauf genommen, dass sich der Rotor bei den vorhandenen Antriebsleistungen nur sehr langsam drehen kann. Ein Photo des Schwimmkörpers mit dem verwendeten Rotor ist in Abb.21 zu sehen.

Abb. 21: Dünnwandiger Kunststoff- Schwimmkörper (Wandstärke 230µm aus Polypropylen) auf Vakuumöl in einer leitfähigen Blechdose. Im Inneren des Schwimmkörpers befindet sich ein Rotor mit vier Rotorblättern (aus Aluminium der Stärke 70 µm), die untereinander mit einem dünnen Kupferfilament elektrisch verbunden sind, dessen Ende frei über den leitfähigen Boden der Blechdose gleitet. Der Rotor hat einen Gesamtdurchmesser von 64 mm. Die Kunststoff-Versiegelung an den Kanten verhindert die Emission von Ladungsträgern bei angelegter Hochspannung aufgrund von Spitzenladungseffekten.

Untergebracht wurden Rotor und Feldquelle in einer Öldose mit einem Durchmesser von 9.7 cm in einer Vakuumkammer mit einem Durchmesser von 10 cm, deren Prinzipskizze in Abb.22 zu sehen ist.

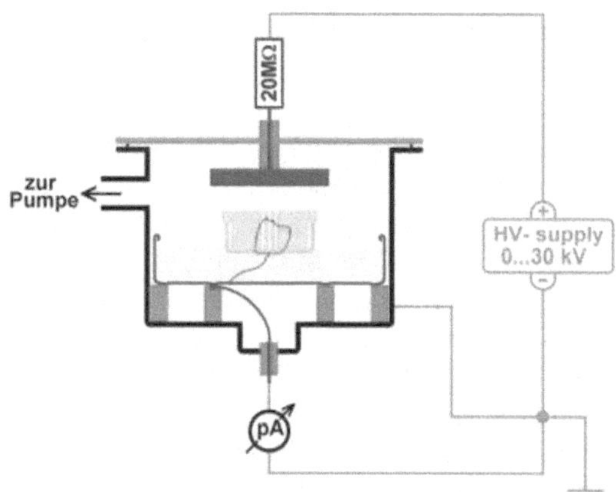

Abb. 22: Elektrostatischer Rotor in der Vakuumkammer bei schwimmender Lagerung auf Öl, sodaß der Rotor seine Position relativ zur Feldquelle selbst justiert und bei justierter Position drehen kann. Elektrisch leitfähige Komponenten sind blau, Keramik-Isolatoren rot gezeichnet.

Der Druck während der Messungen war mit $4...5 \cdot 10^{-4}\, mbar$ *für den zu erbringenden Leistungsnachweis ausreichend, wie man in der weiter unten folgenden Auswertung erkennen wird.*

Im Inneren der Vakuumkammer (Edelstahl ist schwarz gezeichnet, der Acrylglas-Deckel violett) befindet sich eine metallische Wanne (blau, Öldose) mit Vakuumöl (gelb). Auf dem Öl schwimmend gelagert ist der dünnwandige Kunststoff-Schwimmkörper (grün), der den Aluminium-Rotor aus vier Rotorblättern trägt (hellblau). Die Rotorblätter sind durch Kupferfilamente (dunkelblau) miteinander und mit dem Boden der Ölwanne verbunden. Die Ölwanne und der Rotor sind mit Keramikisolatoren (rot) gegenüber der Vakuumkammer isoliert. Nimmt der Rotor elektrische Leistung auf, so muss diese über das Pikoamperemeter Keithley 486 („pA") abfließen. Bei bekannter Hochspannung (grau, Gerät „Bertan ARB 30") wird so die elektrische Leistungsaufnahme des Rotors bestimmt.

Das elektrostatische Feld zum Antrieb des Rotors wird mittels einer Aluminium-Feldquelle (dunkelblau) erzeugt, die am Deckelflansch mit einer Keramik-Isolation gehalten wird. Um einer Gefahr der Beschädigung des Pikoamperemeters im Falle von Spannungsüberschlägen vorzubeugen wird in den nichtleitenden Stromkreis aus Hochspannungsversorgung, Feldquelle, Rotor und Pikoamperemeter ein Widerstand von 20 Mega-Ohm eingebracht, der in der tatsächlichen Messung überhaupt nicht wahrgenommen wird, weil der Widerstand zwischen Rotor und Feldquelle um etliche Zehnerpotenzen größer ist als der Schutzwiderstand.

Bei ordentlicher Einstellung der Experimentierparameter (die noch nicht sicher beherrscht wird und deshalb noch immer einiges Ausprobieren erfordert) dreht sich der Rotor wenn die Hochspannung angelegt wird – sofern das durch das elektrische Feld auf den Rotor wirkende Drehmoment ausreicht, um die Reibung des Öls zu überwinden. Tatsächlich stellt man für den Beginn der Rotoation eine Schwelle fest, die das Drehmoment überschreiten muss, damit eine Drehung beginnen kann, weil das zähe Öl bei zu kleinen Antriebskräften keine Bewegung zulässt. Hat man erreicht, dass der Rotor sich dreht, so ist das Ziel der Messung das folgende: Zum Einen muss die mechanische Leistung bestimmt werden, die der Rotor erzeugt, zum anderen muss bestimmt werden, wie groß die elektrischen Leistungsverluste sind, die im praktischen Aufbau unweigerlich entstehen, weil die Hochspannungsversorgung abfließende Ladungsträger (die aufgrund von Imperfektionen der Isolation abfließen) ersetzen muss, um das elektrische Feld aufrecht zu erhalten. Im Idealfall, also bei idealer Isolation, würde natürlich keine Ladung verloren gehen und somit gar kein elektrischer Leistungsverlust auftreten. Im Realfall wird alleine schon aufgrund der Ionisation von Restgasatomen ein gewisser Ladungsverlust zu erwarten sein. Als erfolgreicher Nachweis der Wandlung von Raumenergie kann das reale Experiment dann als erfolgreich betrachtet werden, wenn die mit Ladungsverlust verbundene elektrische Leistung eindeutig geringer ist als die freiwerdende mechanische Leistung, weil dann die zugeführte (elektrische) Leistung nämlich nicht ausreicht, um durch ein experimentelles Artefakt die Drehung des Rotors zu erklären. Damit ist das Ziel der Messung klar definiert und der Weg dorthin ersichtlich: Er besteht aus der Messung der beiden Leistungen, nämlich der mechanischen und der elektrischen.

So wie bei der tatsächlichen Durchführung der Arbeiten sei auch hier beim Bericht mit dem erstgenannten Teil begonnen, nämlich mit der mechanischen Leistungsbestimmung, weil aus ihm die späteren Anforderungen an die elektrische Leistungsmessung ersichtlich sein werden, die bereits bei der Planung der elektrischen Messungen eine Rolle spielten.

Teil 1: Messung der mechanischen Leistungsabgabe

Die mechanische Leistungsabgabe wurde „ex-situ" außerhalb der Vakuumkammer ermittelt, wobei der Rotor im Schwimmkörper mit Öldose und Öl auf dem Boden eines Gestells positioniert wurde, dessen Aufbau in Abb.23 gezeigt wird. Dann wurde dem Rotor über ein Kupferfilament (Drahtdurchmesser $50 \mu m$) als Torsionsfaden mit Drehmoment beaufschlagt, und zwar wie folgt: Zuerst wurde gewartet, bis der Rotor seine Ruhelageposition einnimmt, d.h. bis der Torsionsfaden in entspannter Drehmomentfreier Stellung ist. Dann wurde durch Verdrehen des Stellrades am oberen Ende des Bildes der Torsionsfaden um einen wohldefinierten Winkel tordiert, sodaß dieser ein Drehmoment auf den im Öl schwimmenden Rotor ausübt. Aus der Kenntnis des Drehmoments und der von diesem Drehmoment verursachten Winkelgeschwindigkeit des Rotors bestimmt man nach dem unten dargestellten Verfahren die mechanische Antriebsleistung des Rotors und die zugehörige Drehzahl bzw. Winkelgeschwindigkeit. Damit wird der Zusammenhang zwischen der Umlaufdauer des Rotors und der mechanischen Antriebsleistung bestimmt.

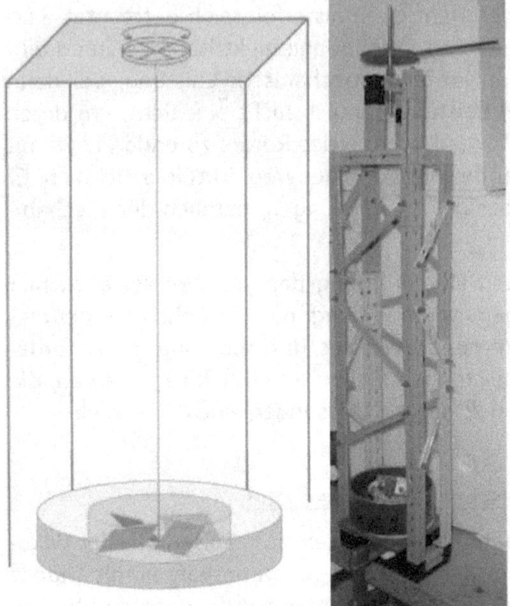

Abb. 23: Skizze und Photo des Aufbaus zur Bestimmung der mechanischen Antriebsleistung des Rotors als Funktion der Umlaufdauer.
Dabei ist der Rotor am unteren Ende eines Kupfer-Torsionsfadens (violett gezeichnet) befestigt, über den er mit einem Drehmoment beaufschlagt werden kann.
Es wurde darauf geachtet, dass der Kupferfaden den Rotor nicht in seiner Eintauchtiefe in das Öl beeinflusst, damit die Reibung zwischen Öl und Rotor die selbe ist wie in der Vakuumkammer ohne Torsionsantrieb.

Das Verfahren zu dieser mechanischen Leistungsbestimmung verläuft wie folgt:

<u>1.Schritt:</u> Charakterisierung / Kalibrierung des Torsionsfadens

Als Vorarbeit war es nötig, den Torsionsfaden zu vermessen, d.h. den Zusammenhang zwischen dem von ihm erzeugten Drehmoment und dem Winkel des Verdrillens zu bestimmen. Dazu wurde am unteren Ende des Fadens anstelle des Rotors und der Öldose eine hohle Kunststoffkugel montiert (Kugeldurchmesser $r_a = (39.7 \pm 0.1) \cdot 10^{-3} m$ und Masse $m = (2.732 \pm 0.002) \cdot 10^{-3} kg$) und diese wie bei einem Torsionspendel ausgelenkt. Aus der Messung der Schwingungsdauer ($T = (19.76 \pm 0.02)\,\text{sec.}$) und der Fadenlänge ($l = (409 \pm 1) \cdot 10^{-3} m$) lässt sich nach elementaren Formeln der technischen Mechanik [Dub 90], [Tur 07] der zusammengesetzte Ausdruck $Q = \frac{G \cdot \pi \cdot R^4}{2 \cdot l} = (2.902 \pm 0.016) \cdot 10^{-7} Nm$ bestimmen (mit $G =$ Torsionsmodul des Kupferfadens und R=Radius des Kupferfadens), der das gesuchte vom Kupfer-Torsionsfaden erzeugte Drehmoment $M = Q \cdot \varphi$ als Funktion des Auslenkwinkels φ der Torsion angibt.

2.Schritt: Bestimmung des Trägheitsmoments der Rotation des Schwimmkörper-Rotors

Da der Schwimmkörper mit den Rotorblättern eine sehr unregelmäßige Form hat, ist es sinnvoll, dessen Trägheitsmoment der Rotation nicht zu berechnen, sondern zu messen. Dazu wurde die Kunststoffhohlkugel am unteren Ende des Torsionsfadens gegen den Schwimmkörper-Rotor (hier noch ohne Öl) ausgetauscht und erneut als Torsionspendel zur Schwingung angeregt. Mit Hilfe der sich dabei ergebenden Schwingungsdauer von $T_b = (33.70 \pm 0.06)\,\mathrm{sec.}$ bei einer Fadenlänge von $l_2 = (383 \pm 2) \cdot 10^{-3}\,m$ ergibt sich für den Ausdruck $Q_2 = \frac{G \cdot \pi \cdot R^4}{2 \cdot l_2} = (3.099 \pm 0.025) \cdot 10^{-7}\,Nm$, passend zum Drehmoment $M_2 = Q_2 \cdot \varphi$ für die am Schwimmkörper-Rotor vorhandene Länge des Torsionsfadens. Mit diesem Wert führt die Schwingungsdauer von $T_b = (33.70 \pm 0.06)\,\mathrm{sec.}$ zu einem Trägheitsmoment des Schwimmkörper-Rotors von $Y = \frac{Q_2 \cdot T_b^2}{4 \cdot \pi^2} = (8.916 \pm 0.078) \cdot 10^{-6}\,kg \cdot m^2$.

Damit ist einerseits der Schwimmkörper-Rotor und andererseits der Torsionsfaden in der für Untersuchungen nötigen Weise charakterisiert und wir können beide gemeinsam auf die Leistungsmessung bei der Drehung des Schwimmkörper-Rotors auf dem Vakuumöl anwenden.

3.Schritt: Bestimmung der Antriebleistung als Funktion der Umlaufdauer

Abermals ergab sich beim Umbau der Anordnung (jetzt erfolgt das Hinzufügen des Öls) eine Änderung der Länge des Torsionsfadens, diesmal auf $l_3 = (420 \pm 2) \cdot 10^{-3}\,m$, was zu einem $Q_3 = (2.826 \pm 0.022) \cdot 10^{-7}\,Nm$ führte.

Nun wurde Schwimmkörper-Rotor mit verschiedenen Drehmomenten beaufschlagt, die aus der Kenntnis der Auslenkwinkel φ der Torsion bekannt sind. Aus den zugehörigen Drehmomenten M und der vom jeweiligen Drehmoment verursachten Winkelgeschwindigkeit der Rotation des Schwimmkörper-Rotors ω_u wird die Antriebsleistung bestimmt gemäß $P = M \cdot \omega_u = Q_3 \cdot \varphi \cdot \frac{2\pi}{T_\alpha}$. Der sich daraus ergebende funktionelle Zusammenhang zwischen der Antriebsleistung und der Umlaufdauer T_α ist in Abb.24 graphisch dargestellt. Man lenke das Augenmerk auch auf Umlaufdauern im Bereich von $\frac{1}{2} \ldots 1 \ldots 2\ \mathit{Stunden}$, da diese Werte bei der tatsächlichen Rotation im Vakuum zu beobachten sein werden.

Die Kurve in Abb.24 ist als Vorarbeit für die in Teil 2 beschriebenen Messungen zu verstehen, weil sie zeigt, welche Ströme und Spannungen bei der Bestimmung der elektrischen Leistung zu messen sein werden. Um dies zu erkennen, genügt nun eine simple Abschätzung, die sich an angenommenen exemplarischen Werten einfach demonstrieren läßt: Benötigt man z.B. eine Spannung von $U \approx 25 kV$, um eine Drehung des Schwimmkörper-Rotors mit einem Umlauf in einer Stunde zu erzielen, so liegt die mechanische Leistung in der Größenordnung von $P_{mech} \approx 1.5 \cdot 10^{-7} Watt$ vor. Um sicher auszuschließen, dass diese mechanische Leistung von der elektrischen Energieversorgung hervorgerufen wird, muss $I \ll \frac{P}{U} \approx \frac{1.5 \cdot 10^{-7} Watt}{25 \cdot 10^{3} Volt} = 6 \cdot 10^{-12} Ampere$ sein.

Damit sind die Anforderungen an die Strommessung offensichtlich.

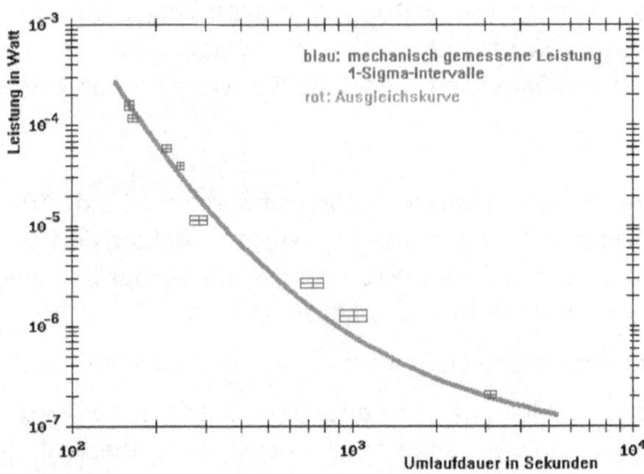

Abb. 24: Mechanische Leistung des Schwimmkörper-Rotors bei dessen Rotation auf dem verwendeten Vakuumöl.
Bei einer Umlaufdauer im Bereich von $\frac{1}{2} ... 1 ... 2$ *Stunden* ***ergibt sich eine mechanische Leistung von etwa*** $1 ... 2 \cdot 10^{-7} Watt$.

Teil 2: Messung der elektrischen Leistungsaufnahme

Dieser Teil der Messungen wurde wie oben erläutert am Rotor im Vakuum durchgeführt.

Zu Kontrollzwecken wurde vorab eine Leermessung des Stroms bei ausgeschalteter Hochspannung, ohne Öldose und ohne Rotor in der Vakuumkammer durchgeführt. Die Werte werden elektronisch aufgezeichnet, damit sie später einer Integralmittelwert-Bildung zugeführt werden können. Bei einer Meßdauer 30 Sekunden ergibt sich ein Integralmittelwert von $I_1 = (0.08 \pm 0.01)pA$. Daraus erkennt man die Grenze der Empfindlichkeit der Strommessung.

Anschließend wurde die Ölwanne mit dem Öl sowie der Rotor in die Vakuumkammer eingebracht und es wurde (noch vor dem Schließen der Vakuumkammer) der elektrische Durchgang zwischen den Rotorblättern und dem negativen Anschluß der Hochspannungsversorgung sichergestellt und getestet, ebenso wie der Durchgang zwischen der Feldquelle und dem positiven Anschluß der Hochspannungsversorgung. Noch ohne das Anschließen des Pikoamperemeters und ohne die Erdung der Vakuumkammer sind Feldquelle, Vakuumkammer und Ölwanne mit Rotor nicht elektrisch miteinander verbunden (Test mit einem laborüblichen Mega-Ohmmeter, Fluke). Tatsächlich ist, wie man aus der später folgenden Auswertung der Messergebnisse erkennen kann, die Isolation zwischen Rotor und Feldquelle nicht ideal perfekt, aber die Leckströme, die diesen Weg fließen, sind klein genug um das Ziel der Messungen zu ermöglichen. Das bedeutet unter anderem auch, dass die vorhandenen Restgasatome in der später evakuierten Vakuumkammer, die nach deren Ionisierung Ladungen zwischen Feldquelle und Rotor transportieren können, hinreichend wenige sind, sodass die von Ihnen verursachten Leckströme zu so geringen Leistungsverlusten führen, dass sie dem Ziel der Messungen nicht entgegenstehen. Aus dieser Erkenntnis resultiert die Tatsache, dass eine weitere Verbesserung des Enddrucks (gegenüber dem in Abb.22 angegebenen Wert), die in Anbetracht der Anwesenheit des Öls mühsam gewesen wäre, nicht erforderlich wurde.

Auf die Vorarbeiten zur Kontrolle der elektrischen Anschlüsse folgt das Schließen des Dekkelflanschs, das ein Aufsetzen der am Deckelflansch montierten Feldquelle beinhaltet. Anschließend wurde die Hochspannung angeschlossen, nicht aber das Pikoamperemeter (noch ohne die Kammer zu evakuieren), sodaß durch Einschalten der Hochspannung kontrolliert werden konnte, daß sich der Rotor selbst unter der Feldquelle justierte und anschließend eine brauchbare Drehung ausführte. Dieses erfordert immer eine erhebliche Feinarbeit zur Einstellung aller Experimentierparameter, wie z.B. Ölstand in der Dose, Abstand zwischen Feldquelle und Rotor, Auffinden geeigneter Werte für die Hochspannung (um Entladungen und Lichtbögen zu vermeiden, solange die Kammer noch nicht evakuiert war), etc... Vor allem müssen die Experimentierparameter brauchbar aufeinander abgestimmt sein, was im derzeitigen Kenntnisstand noch einiges Ausprobieren nötig macht, da der Einfluß aller einzenen Größen noch nicht sicher technologisch beherrscht ist.

Sobald der Rotor nun eine gut sichtbare Drehung vollführt, werden die Vakuumpumpen angeschaltet und die Kammer evakuiert. Dabei entgast das Vakuumöl, was eine Vielzahl von Gasblasen erzeugt, die dem sehr zähen Öl nur langsam entweichen können. Wichtig ist dabei, dass die Hochspannungsversorgung während dieser Phase des Experiments eingeschaltet bleibt, um aufgrund des Selbstjustier-Mechanismus ein Hinauslaufen des Rotors zum Rand der Ölwanne zu verhindern. Dabei muss die Hochspannungsversorgung mit einer Strombegrenzung betrieben werden, weil beim Absinken des Drucks auf einige Millibar zahlreiche Gas- und Korona-Entladungen stattfinden (erkennbar an optischen Leuchterscheinungen), die zu einer Leitfähigkeit des Restgases führen, von der man sicherstellen muss, dass eine Gefährdung der Geräte ausgeschlossen wird. Ein gänzliches Ausschalten der Hochspannungsversorgung während dieser Zeit des Abpumpens ist jedoch nicht möglich, damit der Rotor nicht von aufsteigenden Gasblasen an den Rand der Ölwanne getrieben wird, weil er dort aufgrund der Klebrigkeit des zähen Öls festgehalten werden würde, was erhebliche Probleme für ein späteres Ausnutzen des Selbstjustier-Mechanismus zur Folge hätte, da Selbstjustier-Kräfte oftmals nicht ausreichen, um die Adhäsionskräfte des Öls zu überwinden. Passiert dies, so muss die Vakuumkammer erneut belüftet werden, der Rotor muss vom Rand der Ölwanne entfernt werden und der Abpumpvorgang muss erneut gestartet werden.

Im Verlauf des weiteren Evakuierens der Vakuumkammer nimmt die Leitfähigkeit des Restgases wieder ab (und damit verschwinden auch die Leuchterscheinungen), sobald der Bereich der Gasentladungen (bei einigen Millibar und einigen Zehntel Millibar) unterschritten ist. Damit wird auch die Notwendigkeit der Strombegrenzung in der Hochspannungsversorgung aufgehoben und die Hochspannung erreicht den eingestellten Spannungswert. Das Gerät war regelbar zwischen 0 und 30kV.

Erst wenn das Entgasen des Öls (erkennbar an der Zahl der Gasblasen) weitgehend abgeklungen ist, erreicht der Druck im Rezipienten den in Abb.22 angegebenen Wert. Nun wurden (nach Abschalten der Hochspannung, was jetzt möglich ist, da nicht mehr das Problem besteht, dass Gasblasen den Rotor zum Rand der Ölwanne treiben) erneut alle Leitungen auf Durchgang und alle Isolatoren auf Widerstand geprüft und dann konnte die in Abb.22 gezeigte Verdrahtung vervollständigt werden, wobei nun auch das Pikoamperemeter angeschlossen wurde.

Fährt man nun die Hochspannung langsam von $0\,Volt$ beginnend wieder hoch, so kann man feststellen, ab welcher Spannung der Rotor zu drehen beginnt. Sofern noch einige wenige restliche Gasblasen im Öl vorhanden sind, führt dies zu einem erhöhten Rauschen in der Strommessung (unabhängig davon, ob die Hochspannung zu klein oder groß genug ist, um ein Drehen des Rotors zu verursachen), das vermutlich seine Ursache darin haben könnte, dass der Rotor von den Gasblasen vertikal bewegt wird und somit fortwährend seinen Abstand zur Feldquelle verändert. Da dieses Rauschen sehr groß ist, muß man mit der Messung des Stromes solange warten, bis es abgeklungen ist, um die Strommessung nicht mehr zu stören.

Diese Spannung die zum Drehen des Rotors benötigt wird, liegt höher als der für den Selbstjustier-Mechanismus nötige Wert (außer wenn der Rotor doch an der Wand der Öldose klebt, dann nämlich kann er manchmal mit viel Glück durch eine Spannung von fast 30 kV mit Hilfe des Selbstjustiermechanismus von der Wannenwand entfernt werden, wobei allerdings das Risiko besteht, dass er dabei ganz aus dem Öl herausgehoben wird und direkt zur Feldquelle hochfliegt). Je nach Abstand zwischen Rotor und Feldquelle liegen die zum Drehen des Rotors benötigten Spannungen zwischen 5 kV und 30 kV.

In diesem Zustand (mit drehendem Rotor) wurden wieder Strom und Spannung gemessen um daraus später die aufgenommene elektrische Leistung bestimmen zu können. Dabei hielt die Hochspannungsversorgung die Spannung konstant. Der Strom hingegen zeigte ein Rauschen mit Amplituden bis zu einigen pA bei wechselndem Vorzeichen der Stromflußrichtung. Bei derartigem Rauschen hilft im Hinblick auf die Bestimmung der Leistung in einfacher Weise eine Integralmittelwert-Bildung, da die beim Rauschen hin- und her- fließenden Ladungen keine Versorgung des Rotors mit Leistung verursachen. Deshalb wurde der Strom als Funktion der Zeit abermals elektronisch aufgezeichnet um einer späteren Integralmittelwert-Bildung zur Verfügung zu stehen, deren Ergebnis dann dazu verwendet werden konnte, durch Multiplikation mit der Spannung, die in Summe vom Rotor aufgenommene Netto-Leistung zu liefern. Dies sind die elektrischen Leistungsverluste, die mit der mechanischen Leistungsaufnahme zu vergleichen sind.

Bei einer praktischen Messung erzielte Beispieldaten: Bei einer Hochspannung von $U = 29.7\,kV$, die den Rotor zu einer Umlaufdauer von ca. (1 ± ½) Stunde für eine Umdrehung antrieb, wurde ein Strom aufgezeichnet (Meßdauer 90 Sekunden), dessen Integralmittelwert mit $I_3 = (-0.100 \pm 0.030)\,pA$ bestimmt wurde. Daß das Rauschen größer ist als bei der Leermessung, wundert es nicht, dass trotz erhöhter Messdauer auch der Integralmittelwert eine größere Messunsicherheit hat. Angegeben wurden jeweils die Unsicherheiten des Mittelwerts als 1-Sigma-Konfidenzintervall.

Das Vorzeichen des Stroms wird nicht interpretiert. Es zeigt nur die Flußrichtung des Stroms durch das Pikoamperemeter und hat somit für die Leistungsbestimmung keine Bedeutung.

Die elektrische Leistung, die der Rotor aufgrund nichtidealer Isolation aufnimmt, beläuft sich somit dem Betrage nach auf

$$P = U \cdot I = 29.7 \cdot 10^3 V \cdot (0.100 \pm 0.030) \cdot 10^{-12} A = (2.97 \pm 0.89) \cdot 10^{-9} Watt .$$

Sie steht einer mechanisch erzeugten Leistung von

$$P_{mech} = (1.5 \pm 0.5) \cdot 10^{-7} Watt$$

gegenüber. Der Veranschaulichung halber sei diese Leistung noch in das Diagramm der Leistungen eingetragen, sodaß Abb.25 entstanden ist.

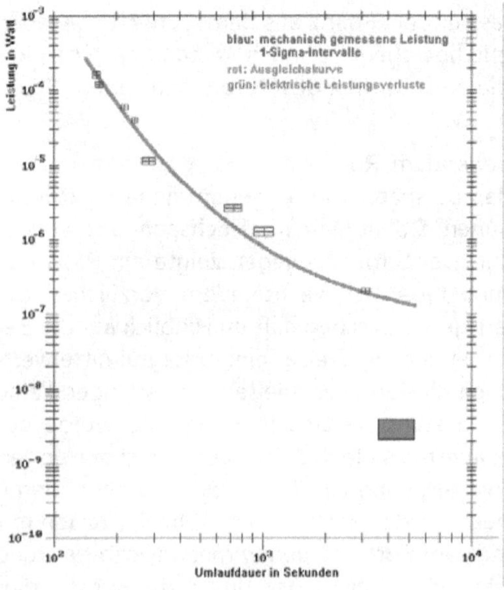

Abb. 25: Vergleich der elektrischen Leistungsverluste mit der freiwerdenden mechanischen Energie. Angegeben sind 1-Sigma-Signifikanzintervalle.

Man sieht, dass die elektrischen Leistungsverluste um etwa eineinhalb Zehnerpotenzen geringer sind (nach der Größenordnung ca. um einen Faktor 30) als die vom Rotor erzeugte mechanische Energie. Damit ist gezeigt, dass die elektrische Leistung nicht die Drehung des Rotors erklären kann. Da dem Rotor sonst keine Leistung zugeführt bekommt, bleibt nur die Wandlung von Raumenergie als Erklärung für die Rotation übrig, die somit als Ergebnis der Messung eindeutig nachgewiesen wurde.

Anmerkungen und Diskussion der Ergebnisse

Die vorgestellte Meßanordnung war mit möglichst einfachen Mitteln aufgebaut worden. Apparativer Aufwand war nur bei denjenigen Komponenten getrieben worden, bei denen es aus inhaltlichen Gründen unabdingbar war (beim Vakuumpumpstand und bei der Strommessung mit Angaben im Sub-Pikoampere-Bereich). Dadurch wurde ein rascher Aufbau aus vorhandenen Labormitteln ohne lange Vorlaufzeiten (wie sie z.B. bedingt wären durch Finanzierungsanträge oder Konstruktion und Herstellung aufwendiger Anlagen) möglich. Dass das Ergebnis dennoch einen derart deutlichen Abstand zwischen den beiden Leistungsangaben zeigt, bestätigt sehr klar die Wandlung von Raumenergie in klassische mechanische Energie.

Die große Deutlichkeit des Ergebnisses macht Mut zu weiteren Untersuchungen. Sie rechtfertigt nun einen größeren Aufwand, wie er nötig wird, um sämtliche Experimentierparameter und Kenngrößen des Rotors systematisch zu chrakterisiseren und so einen präzise kontrollierten Lauf des Vakuumenergie-Rotors zu ermöglichen, damit der Lauf des Rotors nicht mehr wie bisher durch reines Ausprobieren an den geometrischen Abmessungen und an den Spannungen von Hand erwirkt werden muss.

Gelangt man solchermaßen zu einer detaillierten Kenntnis des Systems „Vakuumenergie-Rotor", so wäre auch eine massive Erhöhung der aus der Raumenergie gewandelten Leistung denkbar. Zu diesem Zweck müßte eine wesentliche Vergrößerung des Rotors erfolgen, da aus der Theorie erwartet wird, dass die gewandelte Leistung quadratisch mit dem Rotordurchmesser ansteigt. Verbessert man gleichzeitig den Enddruck des Vakuums, so steht dem Anstieg der mechanischen Leistung ein Absinken der elektrischen Leistungsverluste gegenüber. Über den hier bereits erbrachten physikalischen Nachweis der Existenz und der Wandlung von Raumenergie im Labor hinaus würden dann vielleicht bereits Anwendungen greifbar werden, die Raumenergie des Universums nutzbar machen zu können – sofern die Leistung in einem Umfang gesteigert werden könnte, der eine wirtschaftliche Nutzung ermöglichen würde.

Die Klarheit des Ergebnisses sollte hoffentlich auch andere Arbeitsgruppen der Grundlagenphysik aber auch der Ingenieuranwendungen anlocken, das Experiment zu reproduzieren und zu optimieren – trotz aller experimentellen Schwierigkeiten die dafür zu überwinden sein werden. Hierzu werden in Abschnitt 5.2 noch einige Überlegungen folgen.

5. Weiterführende Hinweise und Ausblick in die Zukunft

5.1 Magnetisches Analogon zum elektrostatischen Rotor

Aufgrund des in Abschnitt 2.3 aufgezeigten Energiekreislaufs des magnetostatischen Feldes und seiner großen Verwandtschaft zum Energiekreislaufs des elektrostatischen Feldes, sollte man erwarten, dass es möglich sei, einen magnetostatischen Rotor zur Wandlung von Vakuumenergie in Analogie zum elektrostatischen Energiewandlungs-Rotor zu bauen [e15]. Ein dafür geeigneter Vorschlag wird nachfolgend konzipiert. Die Überlegungen enthalten auch beispielhafte Berechnungen der zu erwartenden Kräfte (als Gegenüberstellung zu den Kräften am elektrostatischen Rotor).

Um die Bewegung des elektrostatischen Rotors verstehen zu können, war die Kraft eines elektrischen Feldes auf einen geeigneten Rotor aus elektrisch leitfähigem Material mit Hilfe der Spiegelladungsmethode berechnet worden [Bec 73]. Die Grundlage für die Anwendbarkeit dieser Methode liegt in der Tatsache, dass der von außen an das Material herantretende elektrische Fluß bewegliche Ladungsträger in der Materialoberfläche genau derart verschiebt und anordnet, dass die Flusslinien immer exakt senkrecht auf der leitfähigen Oberfläche stehen [Jac 81]. Die Kraft zwischen der Ladung und der Spiegelladung ist es, aufgrund derer man dann die Drehung der Rotorblätter erklären kann, mit deren Hilfe man aus dem Kreislauf zwischen elektrostatischer Energie und Vakuumenergie einen Anteil an Energie entziehen kann.

Will man dieses Energiewandlungsprinzip nun auf den Kreislauf zwischen magnetischer Energie und Vakuumenergie anwenden und einen Anteil der magnetischen Feldenergie in mechanische Energie konvertieren, so muß man einen magnetisch getriebenen Rotor ersinnen, dessen Antriebskräfte man in Analogie zu der dargestellten elektrostatischen Energiekonversion verstehen kann. Das Analogon zur Spiegelladungsmethode findet man im Meißner-Ochsenfeld-Effekt an Oberflächen von Supraleitern in magnetischen Feldern [Tip 03]. So wie die Spiegelladungsmethode auf dem Auftreten elektrostatischer Ladungen an der Metalloberfläche beruht, so beruht der Meißner-Ochsenfeld-Effekt auf dem Auftreten supraleitender Ströme in den Oberflächen eines Supraleiters in Magnetfeldern, wobei diese Ströme ihrerseits magnetische Felder verursachen, die die von außen einwirkenden Feldstärken genau in der Weise kompensieren, dass im Inneren des Supraleiters kein magnetisches Feld auftritt. In diesem Sinne ist ein Supraleiter ein idealer Diamagnet mit einer Suszeptibilität von $\chi = -1$ [Ber 05].

Will man die Kräfte berechnen, die ein Magnetfeld auf einen Rotor aus supraleitenden Rotorblättern ausübt, so muß man die Feldstärken an der Oberfläche des Rotors berechnen und dort in Wechselwirkung mit betragsmäßig identischen Feldstärken der entgegengesetzten Orientierung setzen (bzw. letztlich mit den zugehörigen Strömen). Einen möglichen Beispielaufbau zeigt Abb.26 mit einem Permanentmagneten im oberen Teil und darunter einem Rotor aus vier supraleitenden Flügeln. Die dort skizzierten Abmessungen dienen als Eingabe-Parameter für eine zu Demonstrationszwecken nachfolgend gezeigte Musterberechnung konkreter Kräfte. Da die Flusslinien in die idealen Diamagneten der Rotorblätter nicht eindringen können, wirken die magnetischen Kräfte abstoßend, unabhängig von der Orientierung der Polaritäten des flachen Dauermagneten, der oberhalb des Rotors angebracht ist. Damit ergibt sich eine Drehrichtung des Rotors im Beispiel von Abb.26 entgegen dem Uhrzeigersinn. (Dies ist genau umgekehrt wie bei den anziehenden elektrostatischen Kräften des elektrostatischen Rotors.)

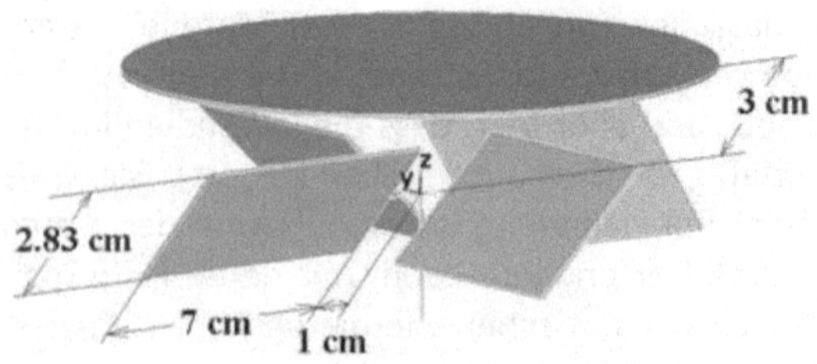

Abb. 26: Graphische Veranschaulichung eines supraleitenden Rotors der auf einer Achse unter einem flachen Dauermagneten angebracht ist

Berechnung eines Zahlenbeispiels

Um der Übersichtlichkeit und der Verständlichkeit der Berechnung willen, sei das Magnetfeld, das den Rotor antreibt, als homogen angenommen (Zahlenwert für unser Rechenbeispiel: $|\vec{H}| = 1\frac{A}{m}$) und zeige genau in Richtung der z-Achse. Dadurch ist der vektorielle Wert der von außen einwirkenden Feldstärken an allen Orten auf den Rotorflügeln immer gleich. Das aufgrund des Meißner-Ochsenfeld-Effekts erzeugte kompensierende Feld zeigt dann für alle Orte auf den Rotorblättern immer genau in Richtung auf die negative z-Achse. Aber die Ortsvektoren von den einzelnen Punkten auf der Feldquelle zu den einzelnen Punkten auf den Rotorflügeln verlaufen in unterschiedlichen Richtungen, und da jeder einzelne Rotorflügel für sich nicht symmetrisch um die z-Achse angeordnet ist, ergibt sich eine Kraft auf jeden dieser Rotorflügel, die in Summe über alle Orte auf der

Feldquelle und über alle Orte auf dem Rotorflügel eine tangentiale Komponente enthält und eben nicht genau in z-Richtung zeigt. Hier wurde die Berechnung als numerische Näherung über finite Elemente der Feldquelle und über finite Elemente der Rotorblätter durchgeführt.

Die dabei zu summierenden finiten Kraftelemente wurden wie folgt bestimmt: Jedes finite Element der Feldquelle erzeugt an jedem finiten Element des Rotors einen Feld-Anteil (Feldstärke mit Index Nr.1), auf welches das finiten Element des Rotors seinerseits mit einem Gegenfeld reagiert (Feldstärke mit Index Nr.2). Die Wechselwirkungskraft der beiden Feldstärken miteinander folgt dem üblichen Einsetzen anhand des Biot-Savart'schen Gesetzes und der Lorentzkraft, die sich nach den ursächlichen Feldstärken auflösen lassen, um die Wechselwirkungskraft zwischen den beiden Feldstärken ($\vec{H}_1$ und $\vec{H}_2$) zu erhalten. Das führt zu der Beziehung

$$\vec{F}_{12} = 4\pi\mu_0 \cdot |\vec{r}_{12}|^2 \cdot \left(\vec{e}_{12} \times \vec{H}_1\right) \times \vec{H}_2 \,, \quad \text{mit } \mu_0 = 4\pi \cdot 10^{-7} \tfrac{Vs}{Am},\ \vec{r}_{12} = \text{Vektor zwischen den Feldelementen} \quad \text{und } \vec{e}_{12} = \text{Einheitsvektor zwischen den Feldelementen.} \tag{1.69}$$

Da die Feldstärke in unserem Beispiel homogen eingesetzt wird ($H_2 = -H_1 = -1\frac{A}{m}$), genügt zur Berechnung der Gesamtkraft eine Summation über die finiten Elemente der Fläche der Feldquelle und über die finiten Elemente der Fläche des Rotorflügels. Für eine fortwährende Verfeinerung der Untergliederung konvergiert dieses Verfahren gegen die Werte von $F_R = 4.2 \cdot 10^{-8} N$ für die radiale Komponente der Kraft, sowie $F_T = 3.1 \cdot 10^{-10} N$ für die tangentiale Komponente der Kraft pro Rotorblatt. Die radiale Kraftkomponente wird von der Achse des Rotors aufgenommen, hingegen die tangentiale Kraftkomponente ist es, die zur Rotation des Rotors führt. Bei vier Rotorblättern ergibt sich somit eine Summe der tangentialen Kraftkomponenten von $F_T = 1.2 \cdot 10^{-9} N$. Berechnet man zu jeder Teilkraft auf jedes der finiten Elemente des Rotors das dort wirkende Drehmoment aufgrund seines Abstandes zur Rotationsachse, und summiert man dann alle diese Drehmomente auf, so ist das antreibende Gesamtdrehmoment auf den im Beispiel gezeigten Rotor $M = 4.8 \cdot 10^{-11} Nm$. Sieht man, dass die antreibende tangentiale Kraft wesentlich kleiner ist als die antreibende Kraft in axialer Richtung, dann weiß man, dass die exakte Justage und die exakte Homogenität des Feldes extrem wichtig sind für ein tatsächliches Experiment, ebenso wie eine extrem große mechanische Präzision bei der Fertigung des Aufbaus.)

Der berechnete Wert für das antreibende Drehmoment ist zwar nicht groß, aber es sind bis hierhin auch noch keine realistischen Feldstärken eingesetzt worden. Diese lassen sich vergrößern und mit ihnen die Kräfte und die Drehmomente, denn die Kräfte und die Drehmomente skalieren nach (1.69) quadratisch mit der Feldstärke. Die zu beachtende Begrenzung dabei ist durch die kritische Feldstärke B_c des Meißner-Ochsenfeld-Effekts gegeben, die allerdings von der Temperatur abhängt. Bei Supraleitern der 1.Art ist z.B. $B_c = 0.080T$ für Pb oder $B_c = 0.01T$ für Al für die Extrapolation der Temperatur $T \to 0K$. Um einen gewissen Sicherheitsabstand zu wahren, und zu berücksichtigen, dass die Temperatur von Null verschieden ist, könnte man B auf wenige milli Tesla beschränken, also z.B. $H_1 \approx 10^3 \frac{A}{m}$ wählen, was zu einer tangentialen Kraftkomponente von $F_T \approx 1.2 \cdot 10^{-9} N \cdot 10^6 \approx 1.2 \cdot 10^{-3} N$ führt, bzw. zu einem antreibenden Drehmoment von $M \approx 4.8 \cdot 10^{-5} Nm$. Dies sollte genügen, um die in (1.65), (1.66), bzw. (1.67) abgeschätzte Reibung für eine realistische Lagerung zu winden.

Will man mit flüssigem Stickstoff kühlen, so kann man einen Hoch-Tc-Supraleiter einsetzen. Zum Bsp. $YBa_2Cu_3O_{7-x}$ ist als Supraleiter der 2.Art bekannt. Um dessen Arbeitsweise als idealen Diamagneten zu erhalten, soll man Feldstärken vermeiden, die zur Ausbildung der Shubnikov-Phase führen. Dennoch sollten die Feldstärken und damit die erreichbaren Drehmomente eher noch größer werden als bei den obengenannten Supraleitern der 1.Art. In diesem Sinne sollte eine Wandlung von Vakuumenergie via Feldenergie magnetostatischer Felder in mechanische Rotationsenergie auch mit magnetostatischen Rotoren nachweisbar sein, die mit flüssigem Stickstoff gekühlt werden.

Weiterführende experimentelle Hinweise:

Nun stellt sich die Frage, ob zur praktischen Durchführung des Experiments wirklich ein Supraleiter, also ein idealer Diamagnet, nötig ist, oder ob auch gewöhnliche Dia-, Para-, und Ferro- Magnetika möglich sind, die bei Zimmertemperatur Wechselwirkungskräfte mit Magnetfeldern zeigen. Diese Frage kann an dieser Stelle nicht abschließend beantwortet werden; lediglich eine Abschätzung der Kräfteverhältnisse bzw. der Drehmomente ist möglich:

Würde man einen Rotor aus einem klassischen diamagnetischen Metall (wie z.B. Kupfer $\chi = -1 \cdot 10^{-5}$, oder Wismut $\chi = -1.5 \cdot 10^{-4}$, nach [Stö 07]) bauen, so wäre $H_2 = -\chi \cdot H_1$, was die Kräfte und die Drehmomente im Vergleich zum Supraleiter entsprechend um 4-5 Zehnerpotenzen verkleinert. Durch eine Erhöhung der Feldstärken auf 1 Tesla oder sogar darüber ließe sich dieser

Verkleinerung mehr als kompensieren, sodaß man durchaus ein Drehmoment im Bereich von $10^{-5}\ldots10^{-4}\,Nm$ zu erwarten hätte.

Anstelle eines Diamagnetikums könnte man auch ein Paramagnetikum verwenden, z.B. Platin mit einer Suszeptibilität von $\chi=+1.9\cdot10^{-6}$ oder Aluminium mit $\chi=+2.5\cdot10^{-4}$ [Ger 95]. Abgesehen davon, dass die Kräfte nun anziehend werden, der Rotor also die entgegengesetzte Laufrichtung hätte wie ein diamagnetischer Rotor, sind die Beträge der Zahlenwerte für die Kräfte und die Drehmomente in vergleichbarer Größenordnung.

Große Kräfte könnten bei geeigneter Werkstoffwahl ferromagnetische Rotorblätter aufnehmen. Würde man ferromagnetischen Materialien rein formal eine Suszeptibilität zuordnen, so käme man auf Werte, die um etliche Zehnerpotenzen über denen der Diamagnetika oder der Paramagnetika liegen. Allerdings hängt hier die Spinordnung im Material von dessen magnetischer Vorgeschichte ab [Kne 62] und damit stellt sich die Frage nach der Anwendbarkeit des Funktionsprinzips, das für einen idealen Diamagneten entwickelt worden war. Bei den theoretischen Überlegungen haben wir die Spiegelladungsmethode des elektrostatischen Rotors, nach der die Wirkung von Verschiebungen der Ladungen auf der Oberfläche der Rotorblätter betrachtet wurden, übertragen auf die Ströme in den supraleitenden Oberflächen magnetischer Rotoren. Daß Überlegungen zum Einsatz klassischer Diamagnetika oder Paramagnetika (bei Raumtemperatur) über diese Gedanken hinausgehen, ist klar und daraus bekommt die Frage ihre Berechtigung, ob man nicht andere als die hier gezeigten theoretischen Überlegungen zur Bestimmung der Reaktion klassischer Dia- bzw. Paramagnetika auf magnetostatische Felder ansetzen müßte. Um so mehr stellt sich diese Frage bei Ferromagnetika, bei denen die Spinordnung im gesamten Inneren des Materials beeinflusst wird und sich außerdem die auszurichtenden Spins gegenseitig beeinflussen [Kne 62]. Die Ausbildung ferromagnetischer Domänen, und deren Fortbestehen aufgrund des Barkhausen-Effekts – all das sind Dinge, die dazu führen, dass die Spins und die von ihnen hervorgerufenen magnetischen Momente einem äußeren magnetischen Feld nicht ungestört folgen, was die Übertragbarkeit unserer Überlegungen zum supraleitenden Rotor auf einen ferromagnetischen Rotor sehr in Frage stellt.

Beim praktischen Aufbau eines Rotor-Experiments muß man sich (unabhängig vom Material der Rotorblätter) außerdem daran erinnern, dass die oben berechneten tangentialen Kraftkomponenten (die die Rotation verursachen) um etwa zwei Zehnerpotenzen kleiner sind als die radialen Kraftkomponenten, die die Drehung des Rotors hervorrufen. Deshalb ist größte Präzision beim mechanischen Aufbau der Anordnung erforderlich, damit die radialen Kraftkomponenten die Rotation nicht stören. Die Abweichungen der Rotorbewegung vom ideal-exakten Lauf dürfen nur so klein sein, dass der Rotor nicht an irgend einer Position ein Energieminimum hinsichtlich seiner Stellung zu den radialen Kraftkomponenten findet, das ihn festhalten würde. Nur wenn der im Aufbau vorhandene störende Anteil der radialen Kraftkomponenten (z.B. aufgrund mechanischer Ungenauigkeiten oder aufgrund von Ungenauigkeiten des Magnetfeldes) kleiner ist als die antreibenden tangentialen Kraftkomponenten, ist eine Rotation möglich. Auch die Homogenität des anliegenden Magnetfeldes spielt in diesem Zusammenhang sicherlich eine kritische Rolle, ebenso wie die mechanische Präzision des Aufbaus des Rotors.

Dieses Problem wurde auch im Rahmen praktischer Versuche in der vorliegenden Arbeit erfahren [Lie 08/09], und zwar in der Form, dass eine Drehbewegung des Rotors spätestens nach ein- oder zwei Umdrehung zum Stillstand kommt. Da auch diese wenigen Umläufe unter mangelnder Reproduzierbarkeit litten, genügt das sicherlich nicht, um zu behaupten, die Drehung eines magnetischen Rotors sei bereits experimentell nachgewiesen. Das Experiment der Wandlung von Vakuumenergie mit Hilfe eines magnetostatischen Rotors wartet demnach noch auf eine Durchführung.

Eine Abhilfe beim Problem der extremen Präzisionsanforderungen hinsichtlich der mechanischen Fertigung des Rotors und überhaupt aller Komponenten des Aufbaus konnte im Falle des elektrostatisch getriebenen Rotors mit Hilfe des Selbstjustiermechanismus gefunden werden, der im Falle des magnetischen Rotors nicht existiert. Der Grund ist folgender: Der elektrostatisch getriebene Rotor wird von anziehenden Coulombkräften angetrieben. Diese anziehenden Kräfte minimieren den Abstand zwischen dem Rotor und Feldquelle, sofern der Rotor lateral frei verschieblich gelagert ist. Und diese Abstandsminimierung kommt einer optimalen Justierung des Rotors unter der Feldquelle gleich. Der magnetisch getriebene Rotor hingegen wird von abstoßenden Lorentz-Kräften getrieben (weil der Supraleiter ein idealer Diamagnet ist), sodaß die antreibenden Kräfte einen lateral frei verschieblichen magnetischen Rotor von der Feldquelle wegschieben wollen. Dies kann nur durch eine mechanisch starr fixierte Rotationsachse verhindert werden. Mit anderen Worten: Will man, dass der magnetische Rotor im antreibenden Magnetfeld verbleibt, so benötigt man eine raumfeste Rotationsachse, mit natürlich ein Selbstjustiermechanismus des Rotors relativ zur Feldquelle nicht möglich ist. Und damit werden die extremen Präzisionsanforderungen hinsichtlich der mechanischen Fertigung des Rotors unumgänglich. Dies steht einer einfachen Herstellung mit minimalem Aufwand (wie am Ende des Abschnitts 4.4 erwähnt) im magnetischen Falle im Wege.

Die dargestellten Überlegungen und Berechnungen zeigen, dass es dem Prinzip nach möglich sein sollte, die Konversion von Vakuumenergie in mechanische Energie nicht nur mit Hilfe elektrostatischer Felder, sondern auch mit Hilfe magnetischer Felder durchzuführen. Die experimentellen Anforderungen sind dann allerdings anders geartet, als beim elektrostatischen Rotor, und auch wesentlich anspruchsvoller. Lediglich das Vakuum wäre im Falle des magnetischen Rotors nicht erforderlich, da magnetische Felder (im Unterschied zu elektrischen Felder) keine Ionisation von Gasatomen verursachen. Eine Energie- und Leistungs- Messung könnte beim magnetisch getriebenen Rotor evtl. auch entfallen, sofern ein Antrieb mit Dauermagneten möglich ist, der prinzipiell keinen Leistungsverbrauch hat. Die Anforderungen an die mechanische Fertigung des Rotors und an die Homogenität des Magnetfeldes hingegen erschweren die Aufgabe, einen funktionierenden magnetischen Rotor zu bauen, jedoch beträchtlich.

Übrigens: Wenn man die Wandlung von Raumenergie mit dem elektrostatischen Rotor von der hydrostatischen Lagerung des schwimmenden Rotors befreien will und eine raumfest Rotationsachse haben möchte, sind die hohen Anforderungen an die mechanische Präzision und an die Homogenität des antreibenden Feldes vergleichbar groß wie im Falle des magnetischen Rotors. Um diese Herausforderungen näher zu beleuchten wurde Abschnitt 5.2. geschrieben.

5.2 Rotor mit raumfester Rotationsachse

Wie im Zahlenbeispiel des Abschnitts 5.1 bereits erwähnt, wirken auf den Rotor nicht nur die tangentialen Kräfte, die die Rotation antreiben, sondern auch radiale und vertikale Kräfte, die ihn seitlich oder vertikal bewegen oder verschieben wollen. Dies ist für den elektrostatischen Rotor ebenso der Fall wie für den magnetostatischen Rotor. Setzt man einen einfachen gebogenen elektrostatisch getriebenen Rotor nach Abb.27 auf eine Spitze, so besteht leicht die Gefahr, dass er beim Einschalten des Feldes herabfällt anstatt sich zu drehen (nur bei guter Justage kann man Glück haben, dass sich der Rotor dreht). Aber selbst wenn die Rotation schon anläuft, kann es sein, dass der Rotor noch herabfällt. Alleine daraus erkennt man die Querkräfte, die auf den Rotor wirken. Es wird noch zu untersuchen sein, ob diese Querkräfte von der begrenzten mechanischen Fertigungsgenauigkeit und von Inhomogenitäten des antreibenden Feldes herrühren [Bec 08/09] (prinzipiell ist weder die Fertigungsgenauigkeit noch die Feldhomogenität mit absoluter Perfektion machbar). Im übrigen liegt der Schwerpunkt des Rotors tiefer als sein Auflagepunkt auf der Nadelspitze, sodaß der Rotor bei ausgeschaltetem elektrischen Feld stabil liegt und sogar beim Herumtragen der Anordnung nicht herabfällt, auch wenn man keine besondere Vorsicht walten lässt. Dadurch wird um so mehr die Wirkung der Querkräfte beim Einschalten des elektrischen Feldes verdeutlicht (beim elektrostatischen Rotor). Tatsächlich ist es nicht gelungen, den Rotor von Abb.27 im Vakuum ohne Absturz in Rotation zu versetzen – anders als an Luft, wo die Gasionen eine zusätzliche Antriebskraft liefern, die den Rotor in Drehung versetzt, die dann wiederum die Lage des Rotors stabilisiert. Deshalb war an Luft bei guter Justage eine Rotation trotz der Querkräfte möglich, mitunter auch bei schräg stehender Rotationsebene. Dadurch wird auch klar, dass im Vakuum die Querkräfte und die davon hervorgerufenen Querbewegungen stärker ausfallen als unter Luft.

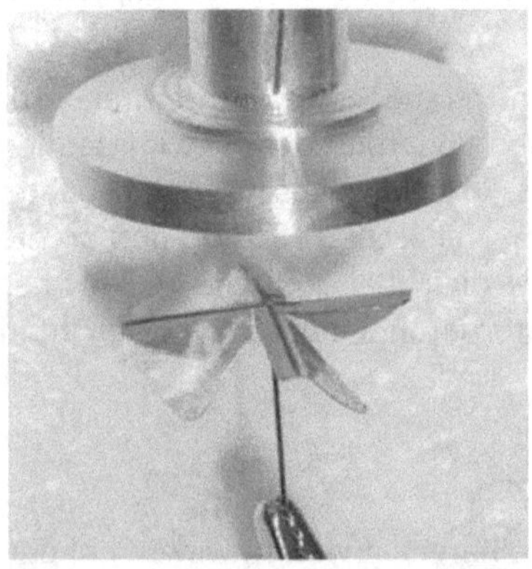

Abb. 27: Einfacher gebogener Rotor zur Veranschaulichung der Querkräfte, die bei einem angelegten elektrostatischen Feld auftreten. Aufgrund der raumfesten Rotationsachse ist hier lateraler Selbstjustiermechanismus unmöglich, sodaß die Querkräfte nicht zur lateralen Selbstjustage, sondern zum Herabfallen des Rotors von der Spitze führen.

Unabhängig von den Schwierigkeiten der technischen Realisation bleibt natürlich der Wunsch bestehen, Rotoren zur Wandlung von Raumenergie mit raumfester Achse zu betreiben, denn einerseits ist für technische Anwendungen die hydrostatische Lagerung des auf Öl schwimmenden Rotors außerordentlich unpraktisch und andererseits ist der Rotor mit nicht raumfester Rotationsachse nur im elektrostatischen Falle denkbar, nicht aber im magnetischen Falle.

Aus diesen Gründen ist die Frage nach den Querkräften, die auf die Rotoren während der Rotation wirken, nicht unbedeutend und wurde daher näher untersucht. Dies geschah in der Form, dass ein schwimmender lateral frei verschieblicher Rotor (Rotordurchmesser 6.4 cm) während seiner Rotation gefilmt (mit einer Digitalkamera mit Filmabschnitten von jeweils 30 Sekunden) wurde. Hierzu wurde der Rotor aus Abb.21 nochmals verwendet und (an Luft) auf eine Metallwanne mit Wasser (Wannendurchmesser am Wasserspiegel 18 cm) gesetzt und eine Feldquelle (Durchmesser der Feldquelle 13 cm) einige Zentimeter über dem Rotor angebracht. Das Filmen der Rotation geschah bei verschiedenen antreibenden elektrischen Spannungen (zwischen Feldquelle und Rotor). Im Anschluß wurden die Filme hinsichtlich der Drehung des Rotors sowie hinsichtlich der lateralen Verschiebung des Rotors ausgewertet. Die Angabe der lateralen Position des Rotors wurde an dem der Kamera zugewandten Punkt („Y" in Abb.28) und am „äußerst linken Punkt" („X" in Abb.28) orientiert, deren Positionen als eindeutiges Maß für die x-Koordinate bzw. für die y-Koordinate der Rotorachse zu verstehen sind. Die Untersuchungen sind zwar unter Zimmerluftdurck ausgeführt worden, aber nach den Erläuterungen zu Abb.27 ist klar, dass die Taumel- und Querbewegungen unter Vakuum noch stärker ausfallen (als an Luft).

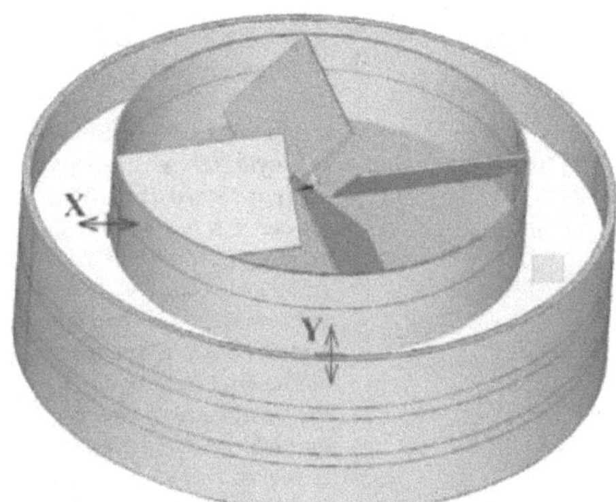

Abb. 28: Schwimmkörper-Rotor auf Fluid (gelb) in einer Wanne. Die Verschiebung der Rotorkanten (Kante in rot, Verschiebung in blau) dient als Maß für die laterale Verschiebung des Rotors in der xy-Ebene.
Das hellgrüne Rechteck symbolisiert einen Styroporschwimmer definierter Abmessungen (1.0 cm x 1.0 cm) zur Kalibrierung der x- und y- Maßstäbe.

Die Längenkalibrierung der x- und der y- Achse geschah mit einem Schwimmkörper definierter Abmessungen, der in x- und y- Richtung ausgerichtet war. Nach durchgeführter Längenkalibrierung der Bilder der

Kameraaufnahmen der Rotorbewegung ließ sich die horizontale Spur der Rotorachse während des Drehens bestimmen, indem die x- und y- Positionen der einzelnen digitalen Bilder der Bewegungsvideos aus deren Pixeln ausgezählt wurden. Der Drehwinkel des Rotors wurde ausgewertet anhand der Drehung der farbigen Musterung auf der Außenseite des Schwimmkörpers.

Die so bestimmten Spuren sind in Abb.29 für drei typische Beispiele (mit jeweils unterschiedlichen antreibenden Spannungen respektive Feldstärken) aufgezeichnet.

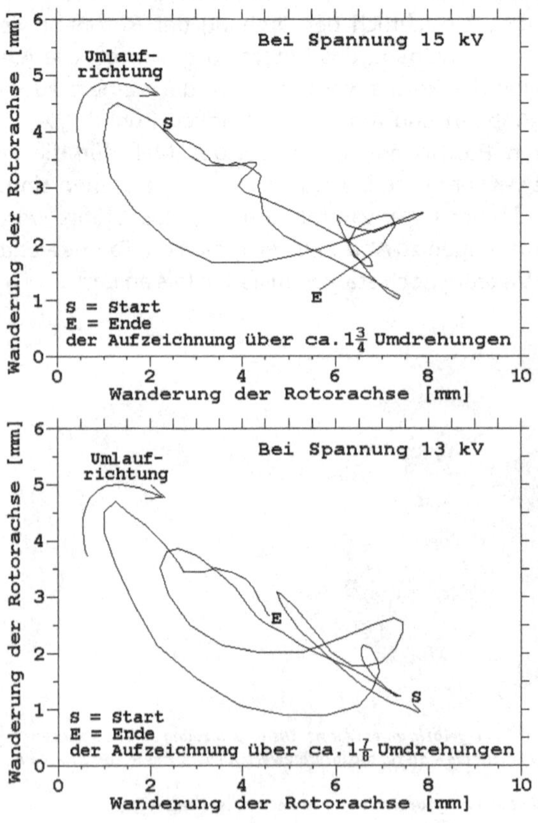

***Abb. 29, erster Teil:** Bahnen der Spuren der lateral verschieblichen Rotorachse des schwimmenden Rotors. Die Rotorpositionen legen diese Bahnen aufgrund des Selbstjustiermechanismus des Rotors auf der Oberfläche des Fluids zurück.*

Insgesamt sind hier drei Beispiele für Bahnen der Rotorachspositionen dargestellt, die bei verschiedenen Feldstärken (Spannungen zwischen Rotor und Feldquelle) bei ansonsten gleichen (geometrischen) Bedingungen aufgenommen wurden. Die Überlagerung aller drei Sprubilder dient der Anschauung und ist möglich, weil die Aufnahmen alle im selben geometrischen Maßstand durchgeführt wurden. Bei einfacher optischer Beobachtung mit dem bloßen Auge erkennt man nicht, wie unregelmäßig diese Bahnen bei schwimmenden Rotoren laufen. Erst durch die Auswertung der Video-Filmaufnahmen wird die Unregelmäßigkeit der lateralen Rotorbahnen aufgrund des

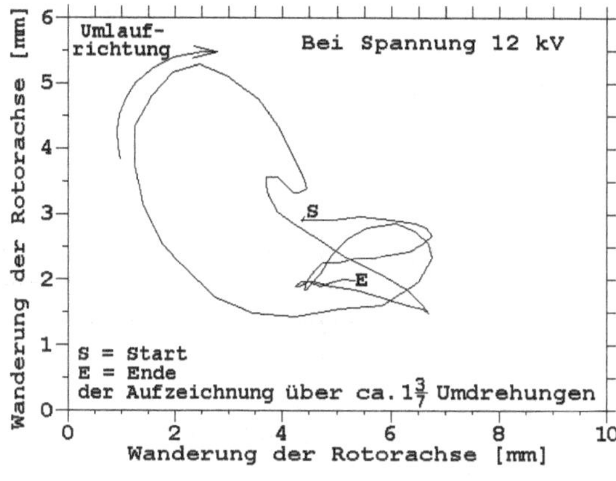

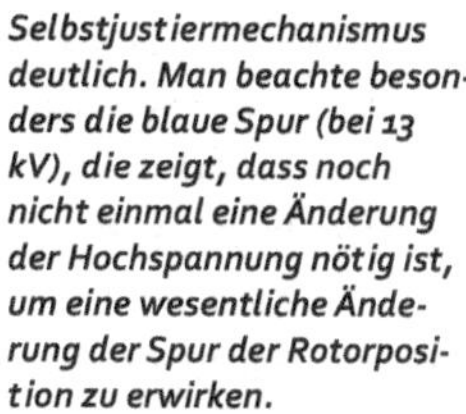
Selbstjustiermechanismus deutlich. Man beachte besonders die blaue Spur (bei 13 kV), die zeigt, dass noch nicht einmal eine Änderung der Hochspannung nötig ist, um eine wesentliche Änderung der Spur der Rotorposition zu erwirken.

Um die Bedeutung und das Ausmaß der Selbstjustierung zu verstehen, vergleiche man die x- und y- Skala mit dem Durchmesser des gesamten Rotors, der nur von 64 mm beträgt. Diese Selbstjustierung ist nötig, damit sich der Rotor drehen kann !

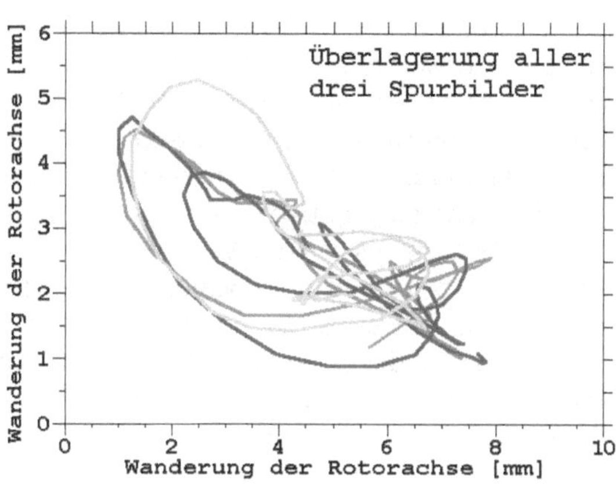

Ganz offensichtlich ist ein fortwährendes Justieren und Nachjustieren der lateralen Rotorposition im Verlaufe der Rotation unabdingbar. Dass sich der Rotor nur drehen kann, wenn man ihm diese ständige permanente Justage und Nachjustage erlaubt, wurde auch mit dem größeren Rotor aus Abb.9 untersucht, der einen Durchmesser von 46 cm hat. Zu diesem Zweck wurde in dessen Symmetrieachse eine Metallstange montiert (Stangendurchmesser 2.2 mm). Diese Rotor konnte auf Wasser frei schwimmend (lateral verschieblich) gut zur Rotation gebracht werden. Wurde hingegen die freie Verschieblichkeit des Rotors dadurch behindert, dass die Achse in einen Glaszylinder eintauchte, der im Wasser stand (Durchmesser des Glaszylinders 44 mm), so konnte sich der Rotor nur solange drehen, bis die Metallstange die Wände des Glaszylinderes berührte und damit am Fortsetzen des Selbstjustiermechanismus gehindert wurde. Sobald der Selbstjustiermechanismus gestoppt wurde, endete auch die Drehung des Rotors. Wurde der Glaszylinder von Hand um einige Zentimeter verschoben, damit der Selbstjustiermechanismus wieder in Gang kommen konnte, dann justierte sich die Rotorposition erneut und drehte, aber nur solange, bis die Metallstange in der Achse des Rotors erneut den Glaszylinder erreichte.

Man erkennt also, dass ein Rotor mit einem Durchmesser von 64 mm eine laterale Bewegungsfreiheit von ca. 6...7 mm benötigte und ein Rotor mit einem Durchmesser von 46 cm eine laterale Bewegungsfreiheit von mehr als 44 mm, damit der Selbstjustiermechanismus des Rotors im elektrostatischen Feld so weit funktionieren kann, dass eine Drehung des Rotors möglich ist. Die Gründe hierfür sollten aller Wahrscheinlichkeit nach in Inhomogenitäten des antreibenden (elektrischen) Feldes und in Ungenauigkeiten der mechanischen Fertigungspräzision der Rotoren liegen. Der Funktionsmechanismus, der beim fortwährenden Justieren und Nachjustieren die Rotation ermöglicht, ist offensichtlich folgender: Der Rotor sucht sich durch laterale Verschiebung seiner Position das Energieminimum im antreibenden Feld, sodass nun die Kräfte aufgrund des Feldes zum Drehen des Rotors zur Verfügung stehen. Letzteres sind die Kräfte, die aus der Wandlung von Raumenergie resultieren. Verbietet man hingegen dem Rotor diese Art der Selbst- Justage und Nachjustage (was bei einer raumfesten Rotationsachse der Fall ist), so kann sich der Rotor nur dadurch ins Energieminimum bewegen, dass er seine Rotorblätter durch Drehung (um die raumfeste Rotationsachse) nach dem Feldgradienten ausrichtet. Und diese Drehung endet genau dann, wenn der Feldgradient zu Null wird, also wenn die Rotorblätter ins Energieminimum zeigen.

▪ Wenn der Selbstjustiermechanismus arbeiten kann, dann bewegt sich der Rotor (lateral) ins globale Hauptminimum des elektrostatischen Potentials und ist dort in der Lage Raumenergie zu wandeln.

▪ Wenn der Selbstjustiermechanismus hingegen nicht ermöglicht wird, dann dreht sich der Rotor (tangential) in ein lokales Nebenminimum des elektrostatischen Potentials und wird dort festgehalten, sodaß er keine Raumenergie wandeln kann.

Diese Sichtweise wird auch durch ein Experiment bestätigt, bei dem ein spitzengelagerter Rotor (mit raumfester Spitze) in einem Vakuumrezipienten bei einem Druck von wenigen $10^{-6}\,mbar$ unter einer Feldquelle positioniert wurde [Bec 08/09], wie in Abb.30 zu sehen. Das Besondere dabei war, dass der Rotor auf einer xy-Mimik lateral verschieblich positioniert war, sodaß er im Vakuum mittels zweier Drehdurchführungen in der Horizontalen verschoben werden konnte. Durch Hin- und Herschieben der Rotorposition unter der Feldquelle ließ sich nun eine Rotordrehung um Teile einer Umdrehung erwirken (von einigen Winkelgrad über Vierteldrehungen bis ca. zu Dreivierteldrehungen), aber kein kontinuierlicher Lauf des Rotors. Dies leuchtet (nach Abschluß des Experiments) auch deshalb ein, weil man bei der manuellen Verschiebung mit der xy-Mimik nicht die für einen kontinuierlichen Lauf des Rotors erforderliche Bahnkurve (entsprechend der Selbstjustage aus Abb.29) kennt und daher diese nicht manuell nachbilden kann. (Das Experiment zu Abb.29 wurde nach Abschluß des Experiments zu Abb.30 ausgeführt.)

Abb.30 zeigt den verwendeten Rotor und dessen Aufhängung an einem der Seitenflansche der Vakuumapparatur. Während des Betriebs des Rotors im Vakuum sieht man ein Verkippen des Rotors, das man bei Beobachtung der Hülse des Spitzenlagers erkennt. Diese verkippt bis sie seitlich an Nadel (die die Spitze trägt) anliegt. Auch ein Aufbohren des Hülsendurchmessers ändert daran nichts.

Abb. 30: Spitzengelgerter Rotor auf einer Nadelspitze, die mit Keramik gegenüber dem Vakuumrezipienten isoliert montiert war und über ein feines Kupferfilament elektrisch angeschlossen war.

Fortsetzung, Abb. 30: Die im Bild zu sehende xy-Mimik ist noch nicht in-situ bei im Vakuum montierten Rotor zu verstellen, wurde aber im weiteren Verlauf der Experimente durch eine von außen bedienbare xy-Mimik mit zwei Vakuumdurchführungen ersetzt, die bedient werden konnte während der Rotor im Vakuum war.

Fazit:

Das Prinzip der Wandlung von Raumenergie ist, wie in Abschnitt 4 beschrieben, funktionsfähig und physikalisch nachgewiesen. Damit sind die physikalischen Grundlagen, die zur vorliegenden Arbeit entwickelt wurden, bewiesen.

Technische Anwendungen und Umsetzungen des hier entwickelten Prinzips erfordern aber eine wesentlich präzisere Fertigung der Rotoren, eine anderen Lagerung und sehr gute Homogenität des antreibenden Feldes mit dessen Hilfe die Raumenergie gewandelt werden soll. Diese Optimierungsvorschläge lassen sich wie folgt begründen:

Ganz offensichtlich sind es Feldinhomogenitäten, die den Rotor mit fester Rotationsachse am kontinuierlichen Drehen hindern. Nur durch Feldinhomogenitäten ist nämlich zu erklären, dass der Rotor sich zu einer Position des Energieminimums drehen und dort stehenbleiben kann – denn gäbe es keine Feldinhomogenitäten, dann gäbe es auch keine Position eines Energieminimums, die den Rotor anziehen und festhalten könnte. Erst Priorität hat also bei allen weiteren Optimierungen die Homogenisierung des antreibenden (elektrischen oder magnetischen) Feldes.

Da es perfekt homogene Felder (im idealen Sinne) in der Realität nicht geben kann, sind des weiteren Asymmetrien in der geometrischen Gestalt des Rotors mit hoher Präzision zu vermeiden. (Aber nicht alle Asymmetrien sind prinzipiell zu vermeiden, weil das Funktionsprinzip des Rotors ja Asymmetrien erfordert, z.B. bei der geneigten Anordnung der Rotorblätter.) Je geringer die unerwünschten Asymmetrien der Rotorform sind, um so weniger reagiert dieser auf noch vorhandene Rest- Feldinhomogenitäten (bei einem optimierten Feld). Aber nicht nur die Form des Rotors, sondern auch dessen Ausrichtung relativ zur Feldquelle ist wichtig. Die Rotationsebene des Rotors muss sehr genau parallel zu der dem Rotor zugewandten Seite der Feldquelle sein, damit nicht eines der Rotorblätter den minimalen Abstand zur Feldquelle suchen und dort stehenbleiben kann. (Auch dies war beim schwimmenden Rotor unproblematisch, weil der Rotor sich immer genau auf der Ebene der waagerechten Flüssigkeitsoberfläche bewegt.)

Ein weiterer Störfaktor liegt in den metallischen Flächen der Vakuumkammer, die aufgrund vorhandener Flansche, Rohrstutzen, etc... nie ideal symmetrisch um den Rotor angeordnet sein können. Da diese metallischen Flächen auch elektrische Felder führen (sie wirken auf die Feldlinien ein), könnten sie z.B. gegenüber dem Rotor abgeschirmt werden, wobei die Symmetrie der Abschirmungen relativ zum Rotor mit hoher Präzision ausgeführt werden muss, um Feldasymmetrien aufgrund der Abschirmungen zu vermeiden.

Schließlich ist als weiterer Optimierungsfaktor auch noch die Lagerung des Rotors zu nennen. Bisher wurde die raumfeste Fixierung der Rotorachse immer mittels eines einfachen Spitzenlagers bewerkstelligt. Dieses lässt aber eine seitliche Pendelbewegung oder ein seitliches Ausweichen des Rotors zu, wodurch der Rotor auch wieder Querkräften folgen kann (aber nicht im Sinne einer Selbstjustage). Würde man z.B. ein Kugellager oder ein Doppelspitzenlager verwenden, so wäre eine seitliche Pendelbewegung ausgeschlossen. Aber würde das unser Problem lösen ? Sicherlich nicht, denn es würde dem Rotor nicht ermöglichen, durch eine seitliche Verschiebung das Hauptmimimum im Potential zu finden und diesem zu folgen.

Wie stark die seitliche Pendelbewegung wirklich werden kann, wenn man sie zulässt, wurde anhand eines Rotors nachgewiesen, der mit einer Nadelspitze hängend an einem Magneten durch Magnetkräfte gehalten wurde und von einem elektrostatischen Feld angetrieben wurde. Wie man nach Kenntnis von Abb.29 erwartet, fängt der Rotor im Betrieb sehr stark an, außer zu rotieren auch zu taumeln (die Rotorachse taumelt), und zwar mit einer ausgesprochen unregelmäßigen Bewegung.

Erst dann, wenn alle störenden Kräfte zusammen geringer sind, als die antreibende Kraft aus der Wandlung von Raumenergie, wird der Rotor eine kontinuierliche Drehung ausführen. Ob dafür die obengenannten Optimierungsvorschläge bereits ausreichen können, muss die Zukunft erweisen.

Bei allen Schwierigkeiten zur Umsetzung der technischen Nutzung des Raumenergie-Rotors sollte man aber nicht vergessen, dass das Prinzip der Wandlung von Raumenergie bereits physikalische nachgewiesen ist (siehe Abschnitt 4). Es muss als prinzipiell funktionieren. Wenn man es mit der raumfesten Rotationsachse nicht umsetzen kann, dann liegt das nicht an der dahinterstehenden Physik, sondern am technischen Ungeschick der Umsetzung.

5.3 Untersuchungen anderer Arbeitsgruppen

Noch immer ist nicht allgemein anerkannt, dass den Nullpunktsoszillationen der Quantentheorie meßbare und nutzbare Kräfte entnommen werden können, mit deren Hilfe sich die Energie ebendieser Nullpunktsoszillationen in eine bekannte klassische Energieform umwandeln läßt lassen. Allerdings ist dieser Mangel an Anerkennung insofern besonders erstaunlich, als daß (wie bereits berichtet), die Entnahme von Energie aus den Nullpunktsoszillationen beim Casimir-Effekt bereits nachgewiesen ist und überdies mit einer Meßgenauigkeit von 5% experimentell bestätigt wurde [Lam 97]. Darüberhinaus ist die Existenz der „Dunklen Energie" mit ihrer gravitativen Wirkung auch in der Kosmologie bekannt, wobei darüber diskutiert wird, ob diese „Dunkle Energie" mit der „Energie der Nullpunktsoszillationen" zu identifizieren ist oder nicht. Um diesen Zusammenhang zu testen, gibt es einen Vorschlag von [Bec 06], der dazu geführt hat, dass derzeit eine experimentelle Untersuchung von [War 09] durchgeführt wird. Aber unabhängig davon, ob man die „Dunkle Energie des Raumes" vollständig mit der „Energie der Nullpunktsoszillationen der Quantentheorie" identifiziert oder nicht, ist vom Casimir-Effekt her bekannt, dass der bloße Raum (der auch als Vakuum bezeichnet wird) die Energie der Nullpunktsoszillationen enthält. Daraus folgt mit logischer Zwangsläufigkeit immerhin, dass die Energie der Nullpunktsoszillationen zumindest einen Beitrag zur Dunklen Energie des Raumes liefern muß.

Nachdem nun die „Energie der Nullpunktsoszillationen" als solche erkannt und in der Physik nachweisbar ist, besteht natürlich der Wunsch, sie nutzbar zu machen. Eine interessante Form der „Nutzung" sollte die Wandlung in eine klassische Energieform sein, die dann der direkten Weiterverwendung zur Verfügung steht.

Erwähnt seien in diesem Zusammenhang auch zwei sehr schöne Übersichtsarbeiten von Tom Valone, mit denen er einen systematischen Überblick über den derzeitigen Entwicklungsstand weltweit gibt: [Val 08] ist ein eher populärwissenschaftlich ausgerichtetes Buch, wohingegen es sich bei [Val 05] um ein für Fachleute konzipiertes Werk handelt. Aus diesen Arbeiten stammen auch Hinweise, die zu einigen der nachfolgend berichteten Arbeiten geführt haben.

Es folgt nun eine Darstellung verschiedener theoretischer und experimenteller Überlegungen und Untersuchungen zur Nullpunktsenergie des Vakuums, die im wesentlichen an einer chronologischen Reihenfolge ausgerichtet sein soll.

• Nikola Tesla

Der erste, der die Energie des bloßen Raumes nicht nur als solche erkannt hat, sondern auch über deren Nutzung sprach, war der große Visionär Nikola Tesla. Bereits 1891 hat er dem Amerikanischen „Institute of Electrical Engineering" gegenüber geäußert:

"Ere many generations pass, our machinery will be driven by a power obtainable at any point in the universe. This idea is not novel... We find it in the delightful myth of Antheus, who derives power from the earth; we find it among the subtle speculations of one of your splendid mathematicians... Throughout space there is energy. Is this energy static or kinetic.? If static our hopes are in vain; if kinetic - and this we know it is, for certain – then it is a mere question of time when men will succeed in attaching their machinery to the very wheelwork of nature."

Will man die Arbeiten von Nikola Tesla heute sehen und nachvollziehen, oder Publikationen aus seiner Hand bekommen, so stößt man auf unerwartete Schwierigkeiten, klare und wissenschaftlich verwertbare Informationen zu bekommen. Allem Anschein nach sieht es so aus, als ob Nikola Tesla in der Lage war, Energie durch die Erdoberfläche oder durch den Raum (bzw. durch die Erdatmosphäre) zu transportieren. Dazu gibt es auch einige vom verfasste Patente [Hee 00], die ihm vom Amerikanischen Patentamt genehmigt wurden. Auch ist bekannte, dass Tesla 1903 auf Long Island den „Wardenclyffe Tower" fertiggestellt hat, mit dem er in der Lage gewesen sein soll, elektrische Energie kabellos bis nach Europa zu übertragen. In diesem Zusammenhang wird auch oftmals erwähnt, Tesla sei bei diesen Arbeiten von J. P. Morgan gestoppt worden, der die Fortsetzung der Tesla'schen kabellosen Energieübertragung deshalb unterdrückt haben soll, weil sie das Erstellen einer Strom-Verbrauchsrechung nicht vorsieht [Val 08].

Inwieweit Tesla damit als Pionier der Nullpunktsenergie verstanden werden kann ist nicht eindeutig klar. Auch eine Anekdote, die davon berichtet, dass er ein Auto (Marke „Pierce Arrow") mit Nullpunktsenergie bewegt haben soll, ist unklar und nicht nachweisbar, weil einerseits bei Originalpublikationen auf die Tagespresse des Jahres 1931 in Buffalo verwiesen wird und andererseits keine Bauteile des Fahrzeugs (einschließlich dessen Energieversorgung) mehr vorhanden sind. Da Nikola Tesla aber der erste war, der in der Technik-Geschichte im Zusammenhang mit der Nutzung der Energie der Nullpunktsoszillationen erwähnt wird, sei er an dieser Stelle erwähnt.

• Casimir und darauf aufbauende Arbeiten

Es ist allgemein bekannt, dass Hendrik Brugt Gerhard Casimir bereits anno 1948 auf der Basis der Nullpunktsoszillationen der Quantentheorie, die auch bei den elektromagnetischen Wellen des Vakuums auftreten, den nach ihm benannten Casimir-Effekt postuliert hat. Demzufolge ziehen sich zwei parallele metallisch leitende Platten gegenseitig an, auch wenn sie elektrisch völlig ungeladen sind [Cas 48]. Merkbare und messbare Kräfte kann man dabei allerdings nur für sehr kleine Plattenabstände feststellen, sodaß die beiden sich anziehenden Platten in einem Abstand im Sub-Mikrometer-Bereich anzuordnen sind und dann auch noch parallel auszurichten sind. Da diese Anforderungen erhebliche experimentelle Herausforderungen aufwerfen, wurden die theoretisch begründeten Überlegungen des Herrn Casimir zunächst nicht sehr ernst genommen. Auch die Messungen zweier Experimentalgruppen anno 1956 und 1958 haben an dieser mangelnden Akzeptanz zunächst nicht viel geändert, weil deren Messungenauigkeiten sehr groß waren (einerseits [Der 56] nach theoretischer Vorbereitung durch [Lif 56] und andererseits [Spa 58], bei Spaarnay lag die Messunsicherheit im Bereich von 100%). Erst anno 1997, fast ein halbes Jahrhundert nach Casimir's Publikation hat Steve K. Lamoreux [Lam 97] mit einer experimentellen Arbeit bei einer Messgenauigkeit von 5% dem Casimir-Effekt zur endgültigen Akzeptanz verholfen. Seit dieser Zeit gilt es als gesichertes Wissen, dass die Nullpunktsoszillationen der elektromagnetischen Wellen der Quantentheorie messbare Kräfte ausüben, die wir in unserer makroskopischen Welt spüren können. Erst in jüngster Zeit wird deutlich, dass der Casimir-Effekt für die zukünftige Nanotechnologie sogar technologisch sehr bedeutsam werden wird, weil die Casimir-Kräfte mit dem Kehrwert der vierten Potenz des Abstandes zunehmen ($F = \frac{A \cdot hc\pi}{480 d^4}$, wo $F = \text{Kraft}$, $A = \text{Plattenfläche}$, $d = \text{Plattenabstand}$) und daher auf kurzen Distanzen sogar dominant werden können [Lam 05]. Tatsächlich gibt es in der modernen Nanotechnologie mitunter das Problem, dass sich berührende Oberflächen unter praktischen Aspekten nicht zerstörungsfrei wieder voneinander entfernt werden können. Eine derartig klare Bedeutung der Nullpunktsenergie des Vakuums weckt natürlich den Wunsch, diese Energie nicht mit zerstörender Wirkung einzusetzen, sondern nutzbringend – zur umweltfreundlichen Energiegewinnung.

Eine Anmerkung an Zweifler sei angebracht:

Mitunter taucht folgendes Gegenargument gegen die Möglichkeit der praktischen Nutzung der Energie der Nullpunktsoszillationen auf: Die Nullpunktsoszillationen stellen bereits den Grundzustand der Energie dar, also den niedrigst möglichen Zustand. Deshalb ist ein Übergang auf einen noch niedrigeren Zustand unmöglich. Da dem Grundzustand keine Energie entnommen werden kann, ist die Energie der Nullpunktsoszillationen nicht zur Nutzung zugänglich.

Dieses Argument ist falsch, wie nachfolgend begründet wird:

- Wäre das Argument richtig, dann könnte Casimir dem Grundzustand auch keine Energie entnehmen. Er tut es aber doch.
- Warum kann Casimir dem Grundzustand Energie entnehmen ? Weil er einige Wellen der Nullpunktsoszillationen einfach ausschaltet.
- Die Frage ist natürlich: Welche Möglichkeiten bestehen überhaupt, dem Grundzustand Energie zu entnehmen ?
- Die Antwort ist ganz einfach: Energie kann man den Wellen der Nullpunktsoszillationen genau dann entnehmen, wenn sie verändert oder ausschaltet.
- Das Gegenargument wäre nur dann sinnig, wenn man die einzelnen Wellen der Nullpunktsoszillationen nicht verändern und nicht ausschalten können, wie es bei typischen quantenmechanischen Systemen (z.B. bei der Energie der Elektronen in der Hülle der Atome) der Fall ist. Für die Wellen der Nullpunktsoszillationen trifft das nicht zu.

Und genau das Ausschalten und das Verändern der Wellen wird realisiert:

- Casimir (und Lamoreux und die anderen) schaltet einige der Wellen der Nullpunktsoszillationen aus wandelt deren Energie in klassische mechanische Energie um.
- In der von mir vorgestellten Arbeit werden die Wellenlängen der Nullpunktsoszillationen verändert (durch Anwendung eines elektrostatischen oder eines magnetostatischen Feldes) und die dabei freiwerdende Energie in klassische mechanische Energie umgewandelt.
- Vielleicht werden die Physiker noch weitere Möglichkeiten finden, die Wellen der Nullpunktsoszillationen zu manipulieren (nicht nur die Wellenlängen zu verändern), um ihnen Energie zu entnehmen ?

• Stochastische Elektrodynamik (SED)

Die Basis ist ein philosophischer Versuch, nämlich die Idee, bekannte und bewiesene quantenmechanische Effekte **ohne** die Anwendung der üblichen Prinzipien und Formeln der Quantentheorie erklären zu können. Auch wenn dieser Ansatz heute oftmals als „exotische geistige Spielart" betrachtet wird, so hat er doch die Besonderheit, dass seine Ergebnisse sich in den Rahmen der bekannten und akzeptierten Physik widerspruchslos einfügen.

Die wesentlichen Gedanken zur Initiierung der Stochastischen Elektrodynamik beginnen mit Trevor W. Marshall und T. Brafford in den frühen 1960er Jahren, wurden weiter verfolgt von Luis de la Pena, Ana Maria Cetto [Col 96], [Pen 96] und erleben eine erste erleben Blüte mit Timothy H. Boyer [Boy 66..08]. Eine Übersichtsdarstellung gibt Boyer in [Boy 80] und [Boy 85].

Eine zweite Blüte erlebt die Stochastische Elektrodynamik als eine Gruppe des Calphysics Institute (Bernard Haisch, Alfonso Rueda, Harold E. Puthoff, Daniel C. Cole, Michael Ibision, nur um einige zu nennen) über fundamentale Fragen der Physik nachendenken beginnt (wie etwa über den Ursprung des Massebegriffs und des Trägheitsbegriffs) und dabei unter anderem auch auf die Stochastische Elektrodynamik zurückgreift. Schließlich ergeben sich daraus sogar Gedanken an mögliche Anwendungen, wie etwa die Nutzung der Nullpunktsenergie des Vakuums zur Energieversorgung oder auch zur Weltraumfahrt [Cal 84..06].

Die Vorgehensweise dabei lässt sich in etwa wie folgt beschreiben:

Grundvoraussetzung ist das Postulat, dass die Nullpunktsoszillationen elektromagnetischer Wellen (die eigentlich ein Ergebnis der Quantentheorie sind) existieren, und dass deren Spektrum den Grundzustand der freien elektromagnetischen Strahlung des bloßen Raumes definiert, somit also das Vakuumniveau. Weitere Annahmen und Voraussetzungen der Quantentheorie werden nicht benötigt.

Betrachtet man nun das Verhalten dieser Nullpunkts-Strahlung und deren Wechselwirkung mit der Materie unserer Welt, so wird eben diese Materie Energie aus der Strahlung der Nullpunktsoszillationen elektromagnetischer Wellen absorbieren und auch ebensolche Strahlung emittieren, denn auch geladene Elementarteilchen unterliegen einer permanenten Nullpunktsoszillation. (Übrigens ist diese dem Ansatz der vorliegenden Arbeit sehr ähnlich, das besagt, dass geladene Elementarteilchen (als Quellen elektrischen Feldes) permanent aus dem Vakuum mit Energie versorgt werden.)

Auf diese Weise lassen sich die bisher aus der Quantentheorie bekannten Phänomene völlig ohne Anwendung der Quantentheorie erklären. Zunächst ergibt sich die Strahlung schwarzer Körper und deren spektrale Charakteristik als Funktion der Temperatur aus der Bewegung der Elementarteilchen. Um der historischen Entstehung der Quantentheorie zu folgen, sei auch der Photoeffekt erwähnt, der sich ebenfalls mühelos in die Stochastische Elektrodynamik einreiht. Zu den bedeutenden Ergebnissen der Quantentheorie zählt auch die Erklärung der Energieniveaus der Hüllenelektronen in der Atomphysik. Im Sinne der Stochastischen Elektrodynamik werden stabile Zustände (stabile Bahnen) genau dann erreicht, wenn die durch das Kreisen der Elektronen abgestrahlte Energie sich mit der aus der Strahlung der Nullpunktsoszillationen aufgenommenen Energie genau die Waage hält. (Dies ist in Analogie zur Grundlage des ersten Bohr'schen Postulats zusammen mit dem dritten Bohr'schen Postulat in der Quantentheorie zu verstehen, wonach stabile Zustände immer genau dann und nur dann möglich sind, wenn die kreisenden Elektronen im Wellenbild zu stehenden Elektronenwellen werden und aufgrund des „Stehens" keine Energie mehr abstrahlen.) Interessanterweise führt das Strahlungsgleichgewicht zwischen absorbierter und emittierter Strahlung der Stochastischen Elektrodynamik genau zu den selben diskreten Energieniveaus wie der klassische Ansatz der Quantentheorie.

Nicht nur Ergebnisse der Quantenmechanik, sondern auch Ergebnisse der Quantenelektrodynamik lassen sich mit der Stochastischen Elektrodynamik herleiten, z.B. der Casimir-Effekt. Zu den auf der Basis der Stochastischen Elektrodynamik bisher bereits erklärten Phänomenen gehört auch die van der Waals - Kraft, die Unschärferelation (die historisch erstmals von Heisenberg benannt wurde) und vieles andere mehr.

Der Vollständigkeit halber sei angemerkt, dass die Stochastische Elektrodynamik natürlich Naturphänomene eigenständig erklärt und nicht versucht, den rechnerischen Formalismus der Quantentheorie zu reproduzieren. So ist zum Beispiel die Schrödinger-Gleichung als typische Formel der Quantentheorie nicht mit den Mitteln der Stochastischen Elektrodynamik zu erhalten, ebenso wie auch typische Gleichungen der Stochastischen Elektrodynamik nicht mit den Mitteln der Quantentheorie zugänglich sind. In diesem Sinne bilden die Stochastische Elektrodynamik und die Quantentheorie zwei voneinander unabhängig Gedankengebäude, die zwar die selben Naturphänomene beschreiben, die aber unterschiedlichen philosophischen Zugängen beruhen.

Natürlich ist die Stochastische Elektrodynamik, alleine schon aufgrund der im Vergleich zur Quantentheorie wesentlich geringeren Anzahl ihrer

Anhänger, nicht so weit ausgearbeitet worden wie die Quantentheorie. Da sie aber in Übereinstimmung mit den heute bekannten experimentellen Naturbeobachtungen steht, erscheint es durchaus sinnvoll, sie auch für die Gedanken über die Nutzung der Energie der Nullpunktsoszillationen des Vakuums heranzuziehen – was durchaus interessante Ergebnisse versprechen könnte, weil gerade ebendiese Nullpunktsoszillationen das zentrale Fundamt der Stochastischen Elektrodynamik bilden.

Übrigens: Nicht nur in der hier vorliegenden Arbeit wird der Beweis erbracht, dass es möglich ist, dem Quantenvakuum einen Teil der Energie der Nullpunktsoszillationen zu entziehen. Auch in der Arbeit [Col 93] kommen Daniel C. Cole und Harold E. Puthoff auf theoretischem Wege zu dem Ergebnis, dass es möglich sein muß, der elektromagnetischen Nullpunktsstrahlung im Vakuum Energie zu entnehmen. Wie das gehen kann, wird im US-Patent [Hai 08] dargestellt.

• Vacuum-fluctuation Battery von Robert L. Forward

Bereits 1984 äußerte Robert L. Forward eine Idee für eine "vacuum-fluctuation battery" [For 84], wobei er vorschlug, eine Spirale aus einer Folie aus leitendem Material (wie in Abb.31 zu sehen) elektrostatisch aufzuladen. Ist die Spirale klein genug (z.B. bei mikromechanischer Fertigung), dass die einzelnen Gänge sich einander im Sub-Mikrometer-Bereich nahe kommen, so treten zwei Kräfte auf: Eine abstoßende Coulomb-Kraft (aufgrund der elektrostatischen Ladung) und eine anziehende Casimir-Kraft (aufgrund der Nähe der Spiralengänge). Nun könnte man nun die aufgebrachte Ladungsmenge genau derart vorgeben, dass sich die Casimir-Kräfte und die Coulomb-Kräfte genau die Waage halten.

Bringt man hingegen geringfügig weniger elektrostatische Ladung auf, so wird die Spirale durch die Casimir-Kräfte komprimiert, sodaß aufgrund der Casimir-Kraft die Energie des elektrostatischen Feldes ansteigt. Diese hinzugekommene Energie würde den Nullpunktsoszillationen des Vakuums entnommen.

Fügt man jedoch ein wenig elektrostatische Ladung hinzu, so expandiert die Spirale, was Robert Forward als Vorgang des „Wiederaufladens der Batterie" bezeichnet. Eine Schwingung der Spiralenlänge würde zu einem Wechselstrom führen. In diesem Zusammenhang stellt Robert Forward auch Überlegungen zu der Frage an, ob die Casimir-Kraft konservativ sei oder nicht [For 96], was einen direkten Einfluß auf die Wandlung der zugrunde liegenden Nullpunktsenergie hat.

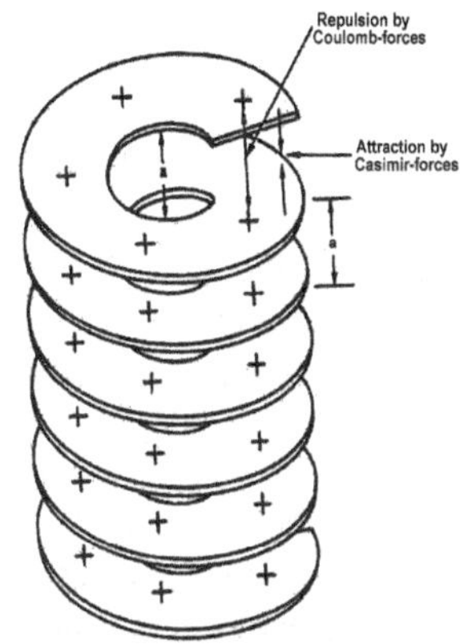

Abb. 31: Schraubenförmige Spirale aus leitender Folie, die nach geeigneter elektrostatischer Aufladung eine Möglichkeit in Aussicht stellt, dem Wechselfeld der Nullpunktsoszillationen des Vakuums nutzbare Energie zu entziehen (nach [For 84]).

Infolge der aufgezeigten Überlegungen unterstreicht Robert L. Forward eindeutig die Möglichkeit der Nullpunktsenergie des Vakuums als nutzbare Energiequelle. Da diese Anordnung eine mikromechanische Fertigung voraussetzt, wurde sie bisher nicht experimentell untersucht. Unabhängig davon ähnelt die Idee, dem Casimir-Effekt auf elektrischen Wege eine Unterstützung zu gewähren in gewisser Weise dem in der vorliegenden Arbeit vorgestellten Ansatz (der natürlich untersucht werden konnte, weil er keine Mikromechanik erfordert). Trotzdem sollte man nicht vergessen, dass es sich bei der Arbeit von Forward um einen Vorschlag handelt, der bisher nicht experimentell überprüft werden konnte.

• <u>Beeinflussung der Casimir-Kräfte und Energie</u>

Verschiedene neuere Erkenntnisse zeigen, dass Casimir-Kräfte durch Anwendung geeigneter Maßnahmen (wie z.B. Einsatz unterschiedlicher Materialien, unterschiedlich geformter Oberflächen, geeigneter Kavitäten, geeigneter Abstände, etc...) beeinflusst werden können, und zwar derart drastisch, dass man sogar zwischen attraktiven und repulsiven Kräften umschalten kann (siehe z.B. [Mun 09]). Fabrizio Pinto hat ein US-Patent zur Modulation der Stärke und der Richtung von Casimir-Kräften zwischen zwei Oberflächen [Pin 03]. Dabei benutzt er zwei Casimir-Platten, von denen eine dielektrisch ist und die andere magnetisch permeabel. Ändert er nun die dielektrischen und die magnetischen Materialkennwerte der beiden Platten z.B. mit einem Laser (vgl. Kerr-Effekt, Pockels-Effekt für Dielektrika und Faraday-Effekt, Cotton-Mouton-Effekt für magnetische Materialien), so ändert sich dadurch die Casimir-Kraft. Diese Einflüsse der Oberflächen können so weitreichend sein, dass sich nicht nur die Stärke der Casimir-Kraft verändert, sondern sogar die Ausrichtung der Casimir-Kraft zwischen Anziehung und Abstoßung umschlagen kann. Darauf basierende Gedankenexperimente und theoretische Berechnungen lassen erkennen, dass es bei geeigneter Einstellung der genannten Maßnahmen möglich sein sollte, in sich geschlossene Pfade zu entwickeln, bei deren Durchlauf die gesamte verrichtete Arbeit **nicht** verschwindet. Mit anderen Worten: Es sollte möglich werden, Casimir-Kräfte so zu gestalten, dass sich eine nichtkonservative Bewegung (über eine geschlossene Bahn) ergeben kann, bei der nicht Energie verzehrt wird (so wie bei der mechanische nichtkonservativen Reibung), sondern Energie frei wird, also Energie aus dem Nullpunktsfeld des Vakuums in klassische mechanische Energie gewandelt wird [Pin 99]. In Anbetracht der geschlossenen Bahn sollte sich somit eine zyklisch arbeitende Maschine bauen lassen, mit der auf der Basis der Casimir-Kräfte Nullpunktsenergie des Vakuums in klassische mechanische Energie gewandelt werden kann. Zu ähnlichen Ergebnissen kamen bereits Werner Sprenzel und Sven Mielordt anno 1985 [Spr 85], ohne allerdings genaue Berechnungen im Sinne von Pinto durchführen zu können.

Für eine konkrete Umsetzung einer Casimir-Energie Maschine schlägt Pinto aufgrund der benötigten geringen Plattenabstände eine mikromechanische Fertigung vor, bei der eine Plattenfläche im Bereich von 50...100 µm aufgebaut werden müßte, und die Platten dann mit einer Schwingungsfrequenz von 10kHz angeregt werden. Dabei ergäbe sich eine Energiedichte von 10µJoule/cm², und letztlich als gewinnbarer zwischen Platten der genannten Größe eine Nutzleistung von ca. einem halben Nanowatt.

Angemerkt sei, dass zur Beeinflussung des Casimir-Effekts durch Magnetfelder auch eine Arbeit von [Cou 99] existiert. Allem Anschein nach hat also die Erkenntnis, dass die Casimir-Kräfte steuerbar sind, einen ernst zu nehmenden Hintergrund. Man darf gespannt sein, was eine experimentelle Überprüfung ergibt.

• Energie im Quantenrauschen

Rauschen enthält bekanntlich Energie. Elektroniker nutzen das beim Bau eines Rauschgenerators aus, indem sie das thermische Rauschen eines pn-Übergangs verstärken bis sich ein Rauschsignal der gewünschten Stärke ergibt. Selbstverständlich kann man einem solchen verstärkten thermischen Rauschsignal mühelos klassische Energie entziehen, die sich nutzen lässt. Damit stellt sich natürlich auch die Frage, ob einem Rauschen, welches durch Nullpunktsoszillationen der Quantentheorie angeregt wird, klassisch nutzbare Energie entnommen werden kann, z.B. durch eine geeignete Gleichrichtung.

Will man nachweisen, ob man (mit einer wie auch immer gearteten Einrichtung) Energie aus dem Quantenrauschen gewonnen hat, so muß natürlich das thermische Rauschen unterdrückt werden, namentlich durch Abkühlung möglichst nahe an den absoluten Temperaturnullpunkt (T=0K). Was dort an Rauschen übrig bleibt, ist kein thermisches Rauschen, und wird daher als Quantenrauschen, angeregt durch die Nullpunktsschwingungen des leeren Raumes verstanden.

Damit ist die Aufgabe definiert:

Gesucht wird eine Möglichkeit, die Bewegung von Ladungsträgern in der direkten Nähe des Temperaturnullpunkts nachzuweisen. Bereits Anfang der 1980er Jahre haben Koch et. al. das Quantenrauschen in Josephson-junctions zuerst theoretisch [Koc 80] untersucht und dann tatsächlich experimentell [Koc 82]. Ob diese Rauschenergie mit den Nullpunktsoszillationen elektromagnetischer Wellen im Vakuums in Verbindung steht, ist noch nicht geklärt. Ein Experiment, wie man diese Klärung erhalten könnte, schlägt Christian Beck in [Bec 05] und [Bec 06] vor. Sollte sich der genannte Zusammenhang als existent erweisen, so wird zu überlegen sein, ob und in welcher Weise es eine Möglichkeit gibt, die sehr geringe Energiedichte dieses Rauschens zu nutzen. Tom Valone denkt in diesem Zusammenhang über den Einsatz spezieller Dioden nach, die in der Lage sein könnten, dieses Rauschen gleichzurichten, um dann einen gerichteten elektrischen Strom erzeugen zu können [Val 08].

• Rotierende Kugeln von Wistrom und Khachatourian

Von diese Arbeit lassen sich gewisse Parallelen zum Vakuumenergie-Rotor der hier vorliegenden Arbeit ziehen, auch wenn Wistrom und Khachatourian noch keine theoretischen Erklärungen für ihre Beobachtungen haben und eine quantitative Messung ihrer Antriebsleistung fehlt.

Bereits in 2001 (mit Publikation in 2002) haben Wistrom und Khachatourian von der University of California [Wis 01], [Wis 02] Kräfte zwischen elektrostatisch geladenen Kugeln gefunden, die aus dem Rahmen der klassischen Maxwell'schen Elektrodynamik herausfallen und die nach dieser Theorie nicht erklärbar sind. Ähnlich wie im Rahmen der hier vorliegenden Arbeit das Coulomb-Gesetz einer Ergänzung durch die Relativitätstheorie bedurfte, namentlich durch die endliche Ausbreitungsgeschwindigkeit der statischen Felder, so benötigen auch Wistrom und Khachatourian eine Ergänzung des Coulomb-Gesetzes um die von Ihnen nachgewiesenen Kräfte zu erklären. Zur theoretischen Berechnung der Kräfte bzw. Drehmomente zwischen den Kugeln verwenden die Beiden das Coulomb-Gesetz mit einer Ergänzung durch den Satz von Gauß für das elektrische Potential und sind auf dieser Basis tatsächlich in der Lage das beobachtete Drehmoment quantitativ anzugeben anhand der Proportionalität von (1.70). Dies ist zu verstehen in Analogie zur Entwicklung der oben gezeigten Gleichungen (1.53) ... (1.60) in der hier vorliegenden Arbeit.

Die Darstellung der geometrische Anordnung, die die beiden Wissenschaftler in ihrer Originalarbeit [Wis 01] zeigen, ist in Abb.32 wiedergegeben.

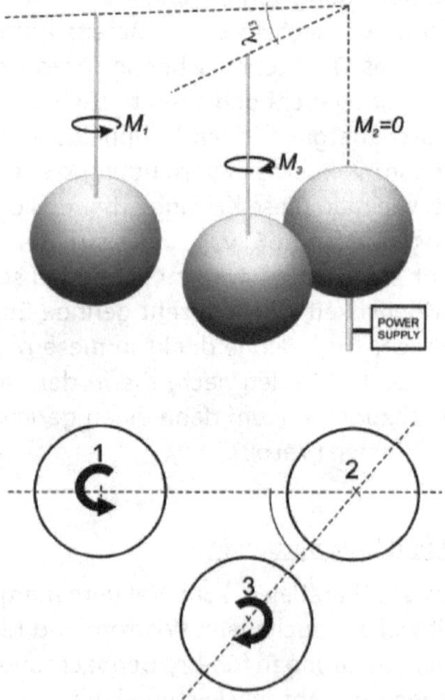

Abb. 32: Anordnung dreier elektrostatisch geladener Kugeln, die alleine aufgrund ihrer Ladung Drehmomente aufnehmen. Die Kugeln haben Durchmesser von 27 cm. Die angelegten Spannungen liegen zwischen 400 und 5000 Volt. Die Drahtfilamente, an dem die Kugeln aufgehängt sind, haben einen Durchmesser von 127 µm. Die Graphik ist der Originalarbeit [Wis 01] entnommen.

Was Wistrom und Khachatourian noch fehlt, ist eine Klärung der Herkunft der bei der Rotation benötigten Energie. Die Beiden bezeichnen den Stromfluß als vernachlässigbar und sind sich sicher, dass der Antrieb elektrostatische Ursachen hat. Es werden nur Drehungen der Kugeln beobachtet, nicht aber Translationen. Die Drehmomente verursachen die Drehung der Kugel solange, bis die Drähte der Aufhängung durch die Torsion der Drehung Einhalt gebieten. Interessanterweise bleiben die Drehmomente nach der elektrostatischen Aufladung der Kugel über viele Stunden und Tage, sogar über mehr als eine Woche erhalten. Dies zeigt, dass es eine antreibende Energie geben muß, die nicht die elektrische Ladung verbraucht, welche auf die Oberflächen der Kugeln aufgebracht wurde.

Die obengenannte Betrachtung der Coulombkräfte führt zu einer quantitativen Berechnung der Drehmomente, die in Übereinstimmung mit den gemessenen Werten ist, und zwar

$$M \propto \frac{1}{4\pi\varepsilon_0} \cdot \frac{V^2}{a^5 \cdot h^4} \quad \text{mit} \quad V = \text{Potential}, \quad a = \text{Kugelradius}, \quad h = \text{Kugelabstand,} \tag{1.70}$$

was abermals eine Bestätigung dafür ist, dass Kräfte wirklich elektrostatischer Natur sind. Leider fehlt bei Wistrom und Khachatourian eine quantitative Leistungsmessung der elektrischen Leistung und der mechanischen Leistung. Aber aus der Tatsache, dass die elektrostatische Ladung über eine ganze Woche nicht verloren geht, kann geschlossen werden, dass mehr mechanische Energie erzeugt wird, als elektrische Energie aufgrund von Imperfektionen der Isolationen verloren geht.

Im übrigen gibt es von [Hen 04] eine Überprüfung der theoretischen Berechnungen der Coulombkräfte und des Drehmoments aus (1.70), mit der diese Gruppe zwar nicht das theoretische Ergebnis von Wistrom und Khachatourian nachvollziehen kann, aber auch nicht den experimentellen Befunde widerspricht, wie auch [Taj 08] bestätigt. Von [Hen 04] geäußerte Zweifel aufgrund einer Diskussion über mögliche Asymmetrien in der Anordnung als Grundlage für die Drehbewegung sind unbegründet, da [Rei 09] nach persönlicher in Augenscheinnahme des Experimentes von Wistrom und Khachatourian bestätigt, dass sich die Kugeln über viele Hundert Umdrehungen drehen können, bis der Torsionsfaden schließlich die Drehbewegung anhält. Asymmetrien in der experimentellen Anordnung können aber prinziell nur Drehbewegungen mit weniger als einer vollen Umdrehung ermöglichen.

Alles in allem sind die Beobachtungen von Wistrom und Khachatourian eine Bestätigung der hier vorgestellten Ergebnisse, auch wenn deren theoretische Begründung noch unvollständig erscheint und der Nachweis der Konversion von Raumenergie durch eine quantitative Leistungsmessung noch aussteht.

• Ein Vakuum-Rotor von NASA und Gravitec. Inc.

Diese Arbeit ist unter allen in Abschnitt 5.3 vorgestellten Untersuchungen anderer Arbeitsgruppen diejenige, die meinen Arbeiten am nächsten kommt.

In der Vakuumkammer NSSTC LEEIF im Marshall Space Flight Center der amerikanischen Weltraumbehörde NASA wurden in Zusammenarbeit der NASA mit der Firma Gravitec Inc. im Jahre 2003 Tests unternommen, die aus Gründen der Vertraulichkeit erst im Dezember 2007 publiziert wurden [Nau 07]. Dabei handelt es sich um einen asymmetrischer Kondensator, dessen eine Kondensatorplatte um eine Achse rotieren kann, die mit einem Torsionsdraht auf einem rotierenden Arm montiert war. Die Anordnung konnte einerseits unter atmosphärischem Luftdruck und andererseits in einem Vakuum von $1.72 \cdot 10^{-6}\,Torr$ an eine elektrostatische Spannung angeschlossen werden, die regelbar zwischen 0 und 45 kV eingestellt werden konnte. Sie lag an zwischen dem Torsionsdraht mit der rotierfähigen Kondensatorplatte einerseits und dem Rest der Anordnung, also der Vakuumkammer andererseits.

Die beobachteten Ergebnisse sind folgende:

Bei atmosphörischem Druck (also ohne Vakuum) tritt ein Drehmoment auf, das die Kondensatorplatte in Rotation versetzt, solange bis der Torsionsdraht mit seinem Drehmoment die Rotation zum Erliegen bringt. In Videoaufnahmen zum Experiment ist eine Pendelbewegung der Rotation der drehbar gelagerten Kondensatorplatte zu sehen, die dadurch erzielt wird, dass die antreibende Spannung zu geeigneten Zeitpunkten ein- und ausgeschaltet wird. Allerdings zeigt das Video leider keine volle oder gar mehrere Umdrehungen der Rotation der Kondensatorplatte. Aus [Nau 07] geht weiterhin hervor, dass das Drehmoment, welches zur Rotation der Kondensatorplatte führt, direkt mit der angelegten Hochspannung ansteigt und bei 0 kV verschwindet.

Unter einem Vakuum von $1.72 \cdot 10^{-6}\,Torr$ ist die selbe Drehpendelbewegung zu beobachten wie unter Luftdruck, aber das antreibende Drehmoment ist jetzt eindeutig schwächer als unter Luftdruck, was nach Kenntnis von (1.68) aus der hier vorliegenden Arbeit nicht verwundert.

Was der NASA-Arbeit leider fehlt, ist einerseits eine kontinuierliche Rotation der Kondensatorplatte über mehrere Umdrehungen und andererseits eine quantitative Leistungsmessung zum Vergleich der elektrischen Leistungsverluste mit der erzeugten mechanischen Leistung, wie man sie bräuchte, um eine Wechselwirkung mit der inneren Struktur des Vakuums, bzw. mit der Raumenergie sicher nachzuweisen. Trotzdem kann die NASA-Arbeit als eine Bestätigung der hier vorliegenden Arbeit verstanden werden.

• Arkadii A. Popov

Popov findet mit rein theoretischen Arbeiten zur Gravitation selbstkonsistente Lösungen der Einstein'schen Feldgleichungen, wobei er eine Wechselwirkung zwischen den Vakuumfluktuationen und Vakuumpolarisationsereignissen einerseits und der Krümmung der Raumzeit andererseits erkennt, welche bekanntlich als Gravitation wahrgenommen wird [Pop 00], [Pop 05]. In einer theoretischen Arbeit von [Liu 93] wird demonstriert, wie Vakuumfluktuationen sogar Lorentz'sche Wurmlöcher hervorbringen können.

Auf der Basis der Erkenntnis, dass sogar die Gravitation mit den Vakuumfluktuationen in Wechselwirkung tritt, überrascht es nicht mehr, dass elektrische und magnetische Felder das ebenfalls tun (wie es in der vorliegenden Arbeit als Grundlage für eine Möglichkeit der Nutzung von Vakuumenergie erkannt wird).

• Energiekonverter nach Hans Coler

Wenn man die Literatur-Recherche über die "Nullpunktsenergie des Vakuums" ausdehnt auf "alle beliebigen bisher unbekannten Energiequellen", findet man eine Vielzahl von Arbeiten, deren Qualität sich nicht ernsthaft beurteilen läßt. Um Verwirrung zu vermeiden, wäre es am einfachsten, sie alle zu ignorieren. Allerdings bliebe dann die Frage offen, ob man dabei nicht vielleicht etwas Brauchbares übersehen würde.

Exemplarisch sei hier eine derartige Laienarbeit angesprochen, nämlich die des Herrn Coler, die (wie bei derartigen Arbeiten oft zu beobachten) weder die übliche Fachterminologie beherrschet, noch die übliche Dokumentation verwendet. Die Situation erinnert in gewisser Weise an die Erkundung der Erde durch die Seefahrer und die Geographen des 16. und 17. Jahrhunderts. Stießen sie auf neues, bisher unentdecktes Land (in Analogie zu unserer Suche nach neuen bisher nicht nutzbaren Energiequellen),

$h = 2 \ldots 3mm$ angehoben. Schaltete man die Spannung wieder aus, so sank der Rotor wieder zu seiner Eintauchtiefe vor dem Einschalten der Spannung ab. Dies war in Luft in gleicher Weise zu beobachten wie im Vakuum. Mit einer Masse von $m = 2.02\,Gramm$ ergibt dies eine potentielle Energie von etwa $W = 40 \ldots 60\,\mu Joule$. Wenn der Prozeß des Anhebens etwa $\Delta t = 1 \ldots 2sec.$ dauert, berechnet sich die zugehörige Leistung zu wenigstens $P = W / \Delta t \geq 40\,\mu Joule / 2sec. = 20\,\mu Watt$ (plus der für das Überwinden der Viskosität des Öls nötigen Leistung). Die ein- und ausgeschaltete Hochspannung liegt hier allerdings bei $16kV$.

▪ Bei dem 64mm-Rotor aus Abschnitt 4.4 liegt die erzeugt mechanische Leistung bei $(1.5 \pm 0.5) \cdot 10^{-7} Watt$ bei einer Spannung von $U = 29.7\,kV$. Dies ist das Beispiel mit der am besten vermessenen Leistungsbilanz und kann daher hier als Ausgangspunkt für weitere Überlegungen (zur Extrapolation auf größere Maßstäbe) dienen.

▪ Damit kann man ein Umskalieren zu größeren Maßstäben für einen technischen Nutzen zumindest der Größenordnung nach, also in Zehnerpotenzen abschätzen, und zwar anhand der bereits mehrfach angegebenen Proportionalitäten $P \propto U^2$ und $P \propto R^2$:

Wenn man als realistische Voraussetzung annimmt, eine Spannung im Bereich von etwa $U \square 10^4 Volt$ führe bei einem Radius von $R \square 10^{-1} m$ zu einer Leistung von $P \square 10^{-6} Watt$, dann ergibt sich folgendes Bild:

Anordnung	R	U	$P \propto U^2 \cdot R^2$
Realistische Voraussetzung (als Mittel über die zuvor genannten Abschätzungen)	$10^{-1} m$	$10^4 V$	$10^{-6} W$
Vakuum: größere Durchschlagsfeldstärken als an Luft (bei geeigneten Abständen Rotor – Feldquelle)	$10^{-1} m$	$10^7 V$	$10^0 W$
Größere Rotoren bauen (20 Meter Rotordurchmesser in einem Gebäude)	$10^{+1} m$	$10^7 V$	$10^{+4} W$
Mehrere Rotoren übereinander im Stapel kaskadieren (10 Rotoren übereinander im Gebäude angeordnet)	$10^{+1} m$	$10^7 V$	$10^{+5} W$
Man käme dabei auf technisch nutzbare Größenordnungen.			

Trotz aller Unklarheiten und offenen Fragen zeigen jedoch die Coler'schen Arbeiten, dass es irgendwelche bis dato unbekannte Energie gibt, die man in eine klassisch bekannte Energie wandeln kann – im Falle des Herrn Coler in elektrische Energie. Ob es sich dabei um die Energie quantentheoretischer Nullpunktsoszillationen handelt, muß in Anbetracht der unklaren Erkenntnislage völlig offen bleiben. Auf jeden Fall erscheint es wünschenswert, die Arbeiten des Herrn Coler reproduzieren zu wollen, um die Maschinen dann genauer untersuchen zu können.

Ein weiteres Eingehen auf andere Arbeiten zu "beliebigen bisher unbekannten Energiequellen" erscheint an dieser Stelle nicht sinnvoll, weil es nicht dazu führt, unser inhaltliches Verständnis im Rahmen heutiger Terminologie und auf der Basis heute des üblichen physikalischen Verständnisses entwickeln zu können.

5.4 Ausblick auf denkbar mögliche zukünftige Anwendungen

Sollte die vorliegende Arbeit nur eine Bedeutung für die fundamentale Physik haben, und dem Nachweis der in den Abschnitten 2 und 3 beschriebenen Modelle dienen, dann wären mit dem Erfolg der experimentellen Verifikation in Kapitel 4 schon alle Aufgaben erledigt. In Wirklichkeit geht der mögliche zu erwartende Nutzen dieser Arbeit aber wesentlich weiter:

Rotoren zur Wandlung von Vakuumenergie werden nämlich durch statische Felder angetrieben, also ohne Verbrauch klassischer Energieformen. Es wird tatsächlich eine bisher wenig beachtete Energieform (die Vakuumenergie oder Raumenergie genannt wird) in eine wohlbekannte klassischer Energie (mechanische Energie der Rotation) umgewandelt. Dies eröffnet natürlich Anwendungsperspektiven als unerschöpfliche Energiequelle, die überdies den Vorteil hätte, unsere Umwelt nicht zu belasten. Wie unerschöpflich diese Energiequelle ist, erkennt man aus dem heutigen Standardmodell der Kosmologie [TEG 02] [RIE 98], [EFS 02], [TON 03], [und vielen anderen], zu dessen Inhalten unter anderem auch eine Aussage über die Zusammensetzung unseres Universum gehört. Danach besteht dieses Universum in etwa

- zu 5 % aus uns bekannten Teilchen, also aus für den Menschen sichtbarer Materie,
- zu 30 % aus unsichtbarer Materie, also aus noch nicht nachweisbaren Teilchen,
- zu 65 % aus Vakuumenergie.

Damit stünde uns Menschen der dominant größte Anteil des Universums als Energie zur Verfügung – wenn wir diese Energie denn nutzen lernten. Natürlich gibt es Zweifler, die sich nicht vorstellen können, dass eine derartige Wandlung von Vakuumenergie möglich ist (z.B. [Bru 06]), aber es gibt auch eine Reihe fundierter Arbeiten, die zu dem Ergebnis führen, dass eine derartige Energiewandlung aus der Vakuumenergie eben doch möglich sei (z.B. [Sol 03], [Sol 05], [Sol 06], aber auch [Kho 08], [Red 08], [Kho 07a], [Kho 07b], [Put 08], [Ole 99]).

Einen praktischen und wirtschaftlichen Nutzen ziehen können wir aus dieser Vakuumenergie (des Universums) ab dem Moment, ab dem der Vakuumenergie-Rotor mehr Energie freisetzt, als er zur Aufrechterhaltung seiner Bewegung verzehrt. Ist diese Bedingung erfüllt, so können Vakuumenergie-Rotoren einen entscheidenden Beitrag zur Energiewirtschaft und zum Umweltschutz leisten. Wir wollen diese Bedingung als „wirtschaftliche Nutzbarkeit im Großtechnischen Maßstab" bezeichnen und für die beiden vorgestellten Rotorarten vergleichen:

- **Im Falle des magnetostatischen Vakuumenergie-Rotors**

setzt dies (falls die Funktionsfähigkeit einer endlosen Rotation mit raumfester Rotationsachse erreicht werden kann) voraus, dass der Aufwand zur Kühlung der supraleitenden Rotorblätter weniger Energie verzehrt als deren Rotation im permanenten Magnetfeld eines Dauermagneten freisetzt. Da die Kühlung zumindest flüssigen Stickstoff benötigt, dessen Erzeugung sicherlich einige Energie verbraucht, steht und fällt die wirtschaftliche Nutzbarkeit im Großtechnischen Maßstab beim magnetostatischen Rotor mit der Qualität der Isolationsmaterialen, in denen die Magnete und die Supraleiter angeordnet werden, d.h. es wird unter anderem auch eine optimale Technologie der Kryostaten vorausgesetzt.

- **Im Falle des elektrostatischen Vakuumenergie-Rotors**

sind es sicherlich nicht die elektrischen Isolationsverluste, die zu einem Leistungsaufwand beim Betrieb des Rotors führen. Das zeigt bereits der sehr einfache Aufbau und Nachweis aus Abschnitt 4.4. Vielmehr wäre für das Kriterium der wirtschaftlichen Nutzbarkeit im Großtechnischen Maßstab die Leistung der Vakuumpumpen mit zu berücksichtigen.

Im übrigen könnte man an dieser Stelle über die Verwendung eines Elektrets als Feldquelle nachdenken. Ein Elektret ist ein Material welches permanent ein elektrisches Feld erzeugen kann, ähnlich wie ein Dauermagnet permanent ein Magnetfeld erzeugt. Solche Materialien sind bekannt unter der Bezeichnung „Elektret". Einmal polarisiert erzeugen Elektrete permanent ein elektrisches Feld, von dem man natürlich fragen kann, ob es in der Lage ist, einen elektrostatischen Rotor anzutreiben. Wäre dies der Fall, dann stellt sich die Frage, ob man vielleicht sogar auf die Verwendung einer Vakuumapparatur verzichten kann, falls der Elektret im remanent polarisierten Zustand keine Gasteilchen der Luft ionisiert.

Nun braucht man für den elektrostatischen Rotor Spannungen im Kilovolt-Bereich. Derartige Elektrete, die auch praktisch verfügbar und vernünftig handhabbar sind, findet man hauptsächlich im Kunststoff-Sektor [Wik 08], [Mel 04], z.B. Teflon (=Polytetrafluorethylen), Polypropylen, Polyethylenterephthalat, Polytetrafluorethylenpropylen, Polypropylen, Polyethylenterephthalat (PET-Folie), Polyvinylidenfluorid, aber es gibt auch remanente Dielektrika wie z.B. Siliziumdioxid oder Siliziumnitrid. Von verschiedenen dieser Werkstoffe wurden in Rahmen der vorliegenden Arbeit ebene Platten durch Reibungselektrizität aufgeladen und versucht, damit den elektrostatischen Rotor aus Abb.14 anzutreiben. Die Drehungen begannen, sofern sie überhaupt zu beobachten waren, in der Regel eher zügig (also mit relativ großem Drehmoment, was auf hohe Feldstärken schließen läßt) und hielten dann ebenso abrupt wieder an, wobei der Drehwinkel zumeist nur einen Bruchteil einer ganzen Umdrehung überstrich. Dies ist ein typischer Hinweis auf eine inhomogene Ladungsverteilung auf der Oberfläche des Elektrets, die dazu führt, dass der Rotor nur die Position des Potentialminimums im elektrischen Feld sucht und dort stehen bleibt. In wenigen nicht reproduzierbaren Fällen ergab sich zufällig eine etwas homogenere Ladungsverteilung auf der Oberfläche des Elektrets, sodaß ca. 2...3 Umdrehungen zustanden kommen konnten [e9]. Das deutet darauf hin, daß es noch eine ganze Reihe von Fragen gibt, die zu lösen sind, bis mit Hilfe von Elektreten hinreichend homogene elektrostatische Felder erzeugt werden können, dass sich der Einsatz bei der Wandlung von Raumenergie lohnen könnte.

Dasjenige Elektret, mit dem maximal etwas mehr als zwei volle Umläufe erzielt werden konnten, war übrigens ein Elastomer-Luftballon. Das Elastomer wurde durch Reibungselektrizität aufgeladen, und zwar so stark, dass man beim Annähern der Hand elektrische Überschläge beobachten konnte. Die Ladungsmenge reichte aus, um den Luftballon entgegen der Schwerkraft über viele Stunden an der Decke eines Zimmers zu halten (was auch wieder mit Hilfe der Spiegelladungsmethode und der damit verbundenen anziehenden Kräfte erklärt werden kann). Aber die Zahl der (wenigen) Umläufe des Rotors unter derartigen Elektret-

Feldquellen war mit großen statistischer Schwankungen behaftet, was sicherlich einerseits auf die nicht exakt kugelförmige Geometrie des Ballons zurückgeführt werden mag, andererseits aber auch auf die inhomogene Ladungsverteilung an seiner Oberfläche.

Betrachtet man den Elektret als remanent polarisiertes Dielektrikum (in Analogie zum Dauermagneten als remanent magnetisiertem Ferromagnetikum), so gibt es keinen Strom, der vom Elektret oder vom Rotor ausgeht, und Moleküle der Luft ionisiert. Dafür, dass dies wirklich der Fall ist, spricht auch die Tatsache, dass der Luftballon trotz einer Berührung der Zimmerdecke seine Aufladung nicht verliert (und über viele Stunden genug Ladung behält, die ihn an der Zimmerdecke festhält) – so gut isoliert der Kunststoff. Da nun der Luftballon den elektrostatischen Rotor noch nicht einmal berührt, sondern einige Zentimeter von ihm entfernt ist, kann erst recht davon ausgegangen werden, dass zwischen dem Elektret und dem Rotor kein Ionenstrom fließt. Sobald der Rotor mehr als eine ganze Umdrehung vollzieht (wodurch das Stehenbleiben im Potentialminimum widerlegt wird), drückt die stattfindende Rotationsbewegung abermals wieder den in Abschnitt 4.4 nachgewiesenen „netto – Energiegewinn" aus. Aufgrund der statistischen Streuung bezüglich der Dauer der Rotation wird hier allerdings auf eine quantitative Analyse der Aussagen verzichtet, da eine solche in Abschnitt 4.4 wesentlich überzeugender ist als anhand eines ungenauen Elektrets.

Möglichkeiten zur Erhöhung der mechanischen Leistung für technische Anwendungen:

Zuerst betrachten wir die Frage: Wieviel mechanische Leistung ist mit den bisherigen Rotoren aus Vakuumenergie gewandelt worden ?

- Bei dem auf Wasser schwimmenden $46cm$-Rotor ergab die Auswertung von Abb.13 eine mechanische Antriebsleistung von etwa $P=1.75\cdot10^{-7}Watt$. Nachdem aus (1.68) bekannt ist, dass diese Leistung teilweise auch aus Rückstößen von Gasionen herrührt, sollte eine Wandlung der Leistung aus Vakuumenergie etwa im Bereich von $P=10^{-7}Watt$ der Größenordnung nach angegeben werden, wobei im Mittel eine Spannung von etwa $4\dots7kV$ angegeben werden kann (bei höheren Spannungen kann auch mehr Leistung erzeugt werden).

- Bei dem $51mm$-Rotor im Vakuum nach Abb.19 kann die aus der Feldquelle übertragene mechanische Leistung anhand der Tatsache abgeschätzt werden, daß die anziehende Coulombkraft den Rotor etwas anhebt. Beim Einschalten der Hochspannung wurde der Rotor aus Abb.19 etwa um

$h = 2 \ldots 3\,mm$ angehoben. Schaltete man die Spannung wieder aus, so sank der Rotor wieder zu seiner Eintauchtiefe vor dem Einschalten der Spannung ab. Dies war in Luft in gleicher Weise zu beobachten wie im Vakuum. Mit einer Masse von $m = 2.02\,Gramm$ ergibt dies eine potentielle Energie von etwa $W = 40 \ldots 60\,\mu Joule$. Wenn der Prozeß des Anhebens etwa $\Delta t = 1 \ldots 2\,\text{sec.}$ dauert, berechnet sich die zugehörige Leistung zu wenigstens $P = W / \Delta t \geq 40\,\mu Joule / 2\,\text{sec.} = 20\,\mu Watt$ (plus der für das Überwinden der Viskosität des Öls nötigen Leistung). Die ein- und ausgeschaltete Hochspannung liegt hier allerdings bei $16\,kV$.

- Bei dem 64mm-Rotor aus Abschnitt 4.4 liegt die erzeugt mechanische Leistung bei $(1.5 \pm 0.5) \cdot 10^{-7}\,Watt$ bei einer Spannung von $U = 29.7\,kV$. Dies ist das Beispiel mit der am besten vermessenen Leistungsbilanz und kann daher hier als Ausgangspunkt für weitere Überlegungen (zur Extrapolation auf größere Maßstäbe) dienen.

- Damit kann man ein Umskalieren zu größeren Maßstäben für einen technischen Nutzen zumindest der Größenordnung nach, also in Zehnerpotenzen abschätzen, und zwar anhand der bereits mehrfach angegebenen Proportionalitäten $P \propto U^2$ und $P \propto R^2$:

Wenn man als realistische Voraussetzung annimmt, eine Spannung im Bereich von etwa $U \approx 10^4\,Volt$ führe bei einem Radius von $R \approx 10^{-1}\,m$ zu einer Leistung von $P \approx 10^{-6}\,Watt$, dann ergibt sich folgendes Bild:

Anordnung	R	U	$P \propto U^2 \cdot R^2$
Realistische Voraussetzung (als Mittel über die zuvor genannten Abschätzungen)	$10^{-1}\,m$	$10^4\,V$	$10^{-6}\,W$
Vakuum: größere Durchschlagsfeldstärken als an Luft (bei geeigneten Abständen Rotor – Feldquelle)	$10^{-1}\,m$	$10^7\,V$	$10^0\,W$
Größere Rotoren bauen (20 Meter Rotordurchmesser in einem Gebäude)	$10^{+1}\,m$	$10^7\,V$	$10^{+4}\,W$
Mehrere Rotoren übereinander im Stapel kaskadieren (10 Rotoren übereinander im Gebäude angeordnet)	$10^{+1}\,m$	$10^7\,V$	$10^{+5}\,W$
Man käme dabei auf technisch nutzbare Größenordnungen.			

6. Zusammenfassung

Nimmt man die Relativitätstheorie ernst, so können sich elektrostatische Felder ebenso wie magnetostatische Felder höchstens mit Lichtgeschwindigkeit im Raum ausbreiten. Das bedeutet, dass die Felder und die damit verbundene Feldenergie des elektrostatischen Gleichfeldes einer Ladung oder eines Elektrets, bzw. des magnetostatischen Gleichfeldes eines stromdurchflossenen Leiters oder eines Permanentmagneten nicht gleichzeitig überall im Raum vorliegen, sondern den Raum mit Lichtgeschwindigkeit erfüllen. Diese Sichtweise wird nicht dadurch gestört, dass möglicherweise die Felder mancher geladener Teilchen ihren Feldquellen schon seit dem Urknall entströmen.

Betrachtet man diesen Energiestrom quantitativ so stößt man auf einen immerwährenden Energiekreislauf, bei dem der bloße Raum, der oftmals auch als Vakuum bezeichnet wird, den Feldern bei deren Ausbreitung einen Teil ihrer Feldenergie wieder entzieht und zu den Feldquellen zurückfließen läßt, um damit die Feldquellen mit neuer Energie zu versorgen, die sie benötigen, um weiterhin permanent ihre Felder mit Feldstärken und Feldenergie zu emittieren. Übrigens erkennt das Standardmodell der Kosmologie die Existenz dieser Vakuumenergie (auch als „Raumenergie" bekannt) durchaus an, auch wenn es über deren Ursache noch nicht im Klaren ist.

Der entscheidende Kernpunkt der vorliegenden Arbeit ist es nun, diesem Energiekreislauf der Vakuumenergie einen Teil seines Energieinhalts zu entziehen, um es in klassische mechanische Energie der Rotation eines speziell konzipierten Propellers zu wandeln. Das Prinzip wurde in der vorliegenden Arbeit nicht nur theoretisch entwickelt und erklärt, sondern auch experimentell nachgewiesen.

Die Grundlagen für die praktische Umsetzung des speziellen Vakuumenergie-Rotors findet man in der Elektrodynamik:

- Dabei erklärt die klassische Elektrodynamik, mit dem Zusatz der endlichen Ausbreitungsgeschwindigkeit der statischen Felder, die technische Funktion des Vakuumenergie-Rotors zur Wandlung von Vakuumenergie in klassische mechanische Energie.
- Desweiteren erklärt die Quantenelektrodynamik, mit dem zusätzlichen Postulat, dass auch die Wellen der quantentheoretisch begründeten elektromagnetischen Nullpunktsoszillationen im Vakuum sich mit der selben Propagationsgeschwindigkeit ausbreiten, wie alle anderen elektromagnetischen Wellen im Vakuum, die Energiedichte des Vakuums, soweit diese für eine Wandlung mit ei-

nem elektrodynamischen Prinzip zur Verfügung steht. Hierfür konnten in der vorliegenden Arbeit übrigens konkrete Werte für die Energiedichte der besagten elektromagnetischer Nullpunktsoszillationen des Vakuums berechnet werden.

Das Prinzip wurde tatsächlich anhand einer Leistungsmessung nachgewiesen!

Der praktische Nutzen für eine umweltfreundliche Energiewirtschaft liegt auf der Hand: Gelingt die großtechnische Umsetzung der Wandlung von Vakuumenergie, so braucht in Zukunft keine Materie mehr umgesetzt werden, um die Menschen mit Energie zu versorgen.

7. Referenzen

7.1 Externe Literatur

[Abr 92] The Laser interferometer gravitational wave observatory
Alex Abramovici et.al., 1992. Science 256, S. 325-333

[Ace 02] Status of the VIRGO, F. Acernese et.al., 2002.
Classical and Quantum Gravity 19, S. 1421

[And 02] Current Status of TAMA, M. Ando and the TAMA collaboration, 2002
Classical and Quantum Gravity 19, S. 1409

[Ans 08] Finite Elemente Programm ANSYS, John Swanson (1970-2008)
ANSYS, Inc. Software Products, http://www.ansys.com

[Bar 99] LIGO and the Detection of Gravitational Waves
B. C. Barish und R. Weiss, Phys. Today 52 (Oct 1999), No.10, S. 44-50

[Bec 73] Theorie der Elektrizität, Richard Becker und Fritz Sauter
Teubner Verlag. 1973. ISBN 3-519-23006-2

[Bec 05] Could dark energy be measured in the lab?
Christian Beck and Michael C. Mackey, Phys. Lett. B, V.605, (2005), p.295.
DOI:10.1016/j.physletb.2004.11.060

[Bec 06] Laboratory tests on dark Energy
Christian Beck, Journal of Physics: Conference Series 31 (2006) 123-130
DOI: 10.1088/1742-6596/31/1/021

[Ber 71] Bergmann Schaefer, Lehrbuch der Experimentalphysik, Band 2
Heinrich Gobrecht et.al., Walter de Gruyter Verlag. 1971.
ISBN 3-11-002090-0

[Ber 05] Bergmann-Schäfer Lehrbuch der Experimentalphysik, Band 6, Festkörper
Rainer Kassing et. al., Walter de Gruyter Verlag. 2005.
ISBN 3-11-017485-5

[Bes 07] Structure of the photon and magnetic field induced birefringence and dichroism
J. A. Beswick, C. Rizzo. 2007. arXiv:quant-ph/0702128v1, 13. Feb. 2007

[Bia 70] Nonlinear Effects in Quantum Electrodynamics. Photon Propagation and Photon Splitting in an external Field, Z.Bialynicka-Birula und I.Bialynicki-Birula
Phys. Rev. D. 1970, Vol.2, No.10, page 2341

[Bla 91] Analytic results for the effective action
Steven Blau, Matt Visser and Andreas Wipf
Int. Journ. Mod. Phys. A 6 5408-5434 (1992)

[Boe 07] Exploring the QED vacuum with laser interferometers
Daniël Boer und Jan-Willem van Holten, arXiv:hep-ph/0204207v1, verschiedene Versionen von 17. April 2002 bis 1. Feb. 2008

[Boy 66..08] Timothy H. Boyer hat eine riesige Publikationsliste (Am. J. Phys., Il Nuovo Cimento, Ann. Phys., Phys. Rev., J. Math. Phys., Found. Phys. und viele andere mehr), die 1966 beginnt und bis 2008 führt, sie ist zu finden unter
http://www.sci.ccny.cuny.edu/physics/faculty/boyer.htm
Für viele aus der Quantentheorie bekannte Phänomene findet man dort alternative Herleitungen im Rahmen der Stochastischen Elektrodynamik, ohne Quantentheorie.

[Boy 80] A Brief Survey of Stochastic Electrodynamics, by Timothy Boyer
Foundation of Radiation Theory and Quantum Electrodynamics
Editor: A. O. Barut, Plenum, New York 1980.

[Boy 85] The Classical Vacuum by Timothy Boyer
Scientific American 253, No.2, August 1985, p.70 -78

[Bre 02] Measurement of the Casimir Force Force between Parallel Metallic Surfaces
G. Bressi, G. Carugno, R. Onofrio, G. Ruoso
Phys. Rev. Lett. 2002. Vol. 88, no.4, S. 4549, S. 041804-1-4

[Bro 28] A Method of and an Apparatus or Machine for Producing Force or Motion
Thomas Townsend Brown, U.S. Patent No. 300,311, 15. Nov. 1928

[Bro 65] Electrokinetic Apparatus
Thomas Townsend Brown,, U.S. Patent No. 3,187,206, 1. Juni 1965

[Bru 06] No energy to be extracted from the vacuum
Gerhard W. Bruhn. 2006. Phys. Scr. 74 535-536

[Cal 84..09] Calphysics Institute (Director Bernard Haisch)
hier existiert eine umfangreiche Publikationsliste (Ann. Phys., Phys. Rev., Found. Phys. und viele andere mehr), die 1984 beginnt und bis heute weitergeführt wird. Sie ist zu finden unter:
http://www.calphysics.org/index.html

[Cas 48] On the attraction between two perfectly conducting plates.
H. B. G. Casimir (1948), Proceedings of the Section of Sciences Koninklijke Nederlandse Akademie van Wetenschappen, S.795
sowie H. B. G. Casimir und D. Polder, Phys. Rev. 73 (1948) S. 360

[Cel 07] The Accelerated Expansion of the Universe Challenged by an Effect of the Inhomogeneities. A Review
Marie-Noëlle Célérier, arXiv:astro-ph/0702416 v2, 7. Jun. 2007

[Che 06] Q & A Experiment to search for vacuum dichroism, pseudoscalar-photon interaction and millicharged fermions
Sheng-Jui Chen, Hsien-Hao Mei, Wei-Tou Ni
arXiv:/ hep-ex/0611050, 28. Nov. 2006

[Chu 99] Instantaneous Action at a Distance in Modern Physics: Pro and Contra
Andrew E. Chubykalo, Viv Pope, Roman Smirnov-Rueda
Nova Science Publishers. 1999. ISBN-13: 978-1-56072-698-9

[Cod 00] CODATA Recommended Values of the Fundamental Physical Constants: 1998
Review of Modern Physics 72 (2) 351 (April 2000)
Die Inhalte von CODATA werden laufend aktualisiert:
http://physics.nist.gov/cuu/Constants/

[Col 93] Extracting energy and heat from the vacuum
Daniel C. Cole and Harold E. Puthoff
Phys. Rev. B, vol.48, no.2, August 1993, p.1562

[Col 96] Foundations of Physics, Vol.26, No.11, 1996, pages 1559-1562
Daniel C. Cole and Alfonso Rueda
Springer Netherlands, ISSN 0015-9018 (Print) 1572-9516 (Online)
DOI: 10.1007/BF02272370

[Cou 99] Bosonic Casimir Effect in External Magnetic Field
Marcus Venicius Cougo-Pinto
Journal of Physics. A: Math. and Gen., Vol. 32, No.24, (1999), p. 4457-4462
DOI: 10.1088/0305-4470/32/24/310

[Dem 06] Experimentalphysik: Elektrizitat und Optik, Wolfgang Demtröder
Springer Verlag. 2006. ISBN 3-540-33794-6

[Der 56] Direct measurement of molecular attract ion between solids separated by a narrow gap , by Boris V. Derjaguin, I. I. Abrikosowa, Jewgeni M. Lifschitz
Q. Rev. Chem. Soc. 10, 295–329 (1956)
Springer Verlag. 2006. ISBN 3-540-33794-6

[Dob 06] Physik für Ingenieure, Paul Dobrinski, Gunter Krakau und Anselm Vogel
Teubner Verlag (11.Auflage). 2006. ISBN 978-3-8351-0020-6

[Dow 78] Quantum field theory of Clifford-Klein space-t imes. The effect ive Lagrangian and vacuum stress-energy tensor, J. S. Dowker und R. Banach
J. Phys. A: Math. Gen., vol.11, no.11 (1978), S. 2255

[Dub 90] Dubbel - Taschenbuch für den Maschinenbau , 17.Auflage
W. Beitz, K.-H. Küttner et. al., Springer-Verlag. 1990.
ISBN 3-540-52381-2

[Ede 00] Template-stripped gold surfaces with 0.4-nm rms roughness suitable for force
measurements: Applicat ion to the Casimir force in the
20-100 nm- range
Thomas Ederth, Phys. Rev. 2000. vol.62, 062104

[Efs 02] The Monthly Not ices of the Royal Astronomical Society
George Efstathiou, Volume 330, No. 2, 21. Feb. 2002

[Eng 05] Instantaneous Interact ion between Charged Part icles
Wolfgang Engel hardt, arXiv:physics/0511172v1, 19.Nov.2005

[Eul 35] Über die Streuung von Licht an Licht nach der Dirac'schen Theorie
H.Euler und B.Kockel. 1935. Naturwissenschaften 23 (1935) 246

[Fey 49a] The Theory of Positrons, Richard P. Feynman
Phys. Rev. 76, No.6 (1949), p.749-759

[Fey 49b] Space-Time Approach to Quantum Electrodynamics,
Richard P. Feynman
Phys. Rev. 76, No.6 (1949), p.769-789

[Fey 85] QED. Die seltsame Theorie des Lichts und der Materie,
Richard P. Feynman
Übersetzter Nachdruck von 1985, Serie Piper, ISBN: 3-492-03103-X

[Fey 97] Quantenelektrodynamik: Eine Vorlesungsmitschrift,
Richard P. Feynman
Deutsche Übersetzung im Oldenbourg Verlag. 1997.
ISBN 3-486-24337-3

[Fey 01] Feynman Vorlesungen über Physik, Band II: Elektromagnetismus und Struktur der Materie, Richard P. Feynman, Robert B. Leighton und Matthew Sands
Oldenbourg Verlag, 3.Auflage. 2001. ISBN 3-486-25589-4

[For 84] Extracting electrical energy from the vacuum by cohesion of charged foliated conductors, by Robert L. Forward, Phys. Rev. B 30, 1700 - 1702 (1984)
DOI: 10.1103/PhysRevB.30.1700

[For 96] An Introductory Tutorial on the Quantum Mechanical Zero Temperature Electromagnetic Fluctuations of the Vacuum. Mass Modification Experiment Definition Study. Philips Laboratory Report #PL-TR 96-3004, (1996), page 3

[Ger 95] Gerthsen Physik, H. Vogel
Springer Verlag. 1995. ISBN 3-540-59278-4

[Gia 00] Field correlators in QCD. Theory and Applications
A. Di Giacomo, H. G. Dosch, V. I. Shevchenko, Yu. A. Simonov
arXiv:/hep-ph/0007223 20. Juli 2000

[Gia 06] Physik, Douglas C. Giancoli
Pearson Studium. 2006. ISBN-13: 978-3-8273-7157-7

[Giu 00] Das Rätsel der kosmologischen Vakuumenergiedichte und die beschleunigte Expansion des Universums, Domenico Giulini und Norbert Straumann
arXiv:astro-ph/0009368 v1, 22. Sept. 2000

[Goe 96] Einführung in die Spezielle und Allgemeine Relativitätstheorie, Hubert Goenner
Spektrum Akademischer Verlag, 1996. ISBN 3-86025-333-6

[Gpb 07] Gravity- Probe- B Experiment, Francis Everitt et. al.
zu finden in (2008) unter http://einstein.stanford.edu/index.html

[Gre 08] Klassische Elektrodynamik, Theoretische Physik (Band 3), Walter Greiner et. al.
Verlag Harri Deutsch. 2008, ISBN 978-3-8171-1818-2

[Hai 08] Quantum vacuum energy extraction, 27. Mai 2008
Bernhard Haisch und Garret Moddel, US Patent #7,379,286

[Hat 81] Proceedings of the First International Symposium on Nonconventional Energy
George D. Hathaway (1981)

[Hec 05] Optik, Eugene Hecht, Oldenbourg-Verlag. 2005. ISBN3-486-27359-0

[Hec 09] Hans Coler: Magnetstromapparat und Stromerzeuger
Populäwissenschaftliche Erklärung von Andreas Hecht
(gefunden in 2009)
http://www.borderlands.de/energy.coler.php3#2

[Hee 00] Nikola Tesla, Collected German and American Patents
von Ulrich Heerd in einem Buch gesammelt im Jahre 2000
Michaels Verlag, MVV Peiting, ISBN 3-89539-246-4

[Hei 36] Folgerungen aus der Diracschen Theorie des Positrons
W. Heisenberg und H. Euler, 22.Dez.1935, Zeitschrift für Physik
(1936), S.714

[Hei 97] Skript zur Vorlesung „Maschinen- und Feingerätebau für
Elektroingenieure"
Prof. J. Heinzl, Technische Universität München

[Hen 04] Electrostatic torque – a misinterpretation
K. Hense, M. Tajmar, K. Marhold, J. Phys. A: Math. Gen. 37
(2004) 8747-8749

[Hil 96] Elementare Teilchenphysik, Helmut Hilscher
Vieweg Verlag, ISBN 3-528-06670-9

[Hoo 72] Regularization and renormalization of gauge fields
G. 't Hooft und M. Veltman, Nuclear Physics B44 (1972) S.189

[Hur 40] The Invention of Hans Coler, Relating To An Alleged New
Source Of Power.
R. Hurst, B.I.O.S. Final Report No. 1043, B.I.O.S.Trip No. 2394
B.I.O.S. Target Number: C31/4799, British Intelligence Objectives Sub-Committee

[Ilm 08] Herstellerangaben zum Vakuumöl „Labovac 12S"
(Drehschieberpumpenoel)
zu finden unter http://www.ilmvac.de/content/products/g11090.html
(2008)

[Jac 81] Klassische Elektrodynamik, John David Jackson
Walter de Gruyter Verlag. 1981. ISBN 3-11-007415-X

[Ker 03] Vakuumtechnik in der industriellen Praxis
Jobst H. Kerspe, et. al. 2003, expert-Verlag, ISBN: 3-816-92196-5

[Kho 07a] Experimental test on the applicability of the standard retardation condition to bound magnetic fields,
A. L. Kholmetskii, O. V. Missevitch, R. Smirnov-Rueda, R. Ivanov, A. E. Chuvbykalo, J. Appl. Phys. 101, 023532 (2007)

[Kho 07b] Measurement of propagation velocity of bound electromagnetic fields in near zone, A. L. Kholmetskii, O. V. Missevitch, R. Smirnov-Rueda, R. Ivanov, A. E. Chuvbykalo, J. Appl. Phys. 102, 013529 (2007)

[Kho 08] Note on Faraday's law and Maxwell's equations
Alexander L. Kholmetskii, Oleg V. Missevitch, Tolga Yarman
Eur. J. Phys. 29 (2008) N5–N10 doi:10.1088/0143-0807/29/3/N01

[Kle 08] Photoproduction in semiconductors by onset of magnetic field
Hagen Kleinert und She-Sheng Xue, EPL, 81 (März 2008) 57001

[Kli 03] Elektromagnetischen Feldtheorie, Harald Klingbeil
Verlag Vieweg + Teubner. 2003. ISBN 3-519-00431-3

[Kne 62] Ferromagnetismus, E. Kneller
Springer Verlag. 1962. Library of Congress Catalog Card Number 62-17383

[Koc 80] Quantum-Noise Theory for the Resistively Shunted Josephson Junction
Roger H. Koch, D. J. Van Harlingen and John Clarke
Phys. Rev. Lett. 45, 2132 - 2135 (1980),
DOI: 10.1103/PhysRevLett.45.2132

[Koc 82] Measurements of quantum noise in resistively shunted Josephson junctions
Roger H. Koch, D. J. Van Harlingen and John Clarke
Phys. Rev. B 26, 74 - 87 (1982), DOI: 10.1103/PhysRevB.26.74

[Köp 97] Einführung in die Quanten-Elektrodynamik, Gabriele Köpp und Frank Krüger
Teubner Verlag, Stuttgart. 1997. ISBN 3-519-03235-X

[Kuh 95] Quantenfeldtheorie, Wilfried Kuhn und Janez Strnad
Vieweg Verlag, Wiesbaden , 1995, ISBN 3-528-07275-X

[Lam 97] Demonstration of the Casimir force in the 0.6 to 6 μm range
Steve K. Lamoreaux, Phys. Rev. Lett., Vol.78, Issue 1, Jan-6-1997, p.5-8
DOI: 10.1103/PhysRevLett.78.5

[Lam 05] Das Vakuum kommt zu Kräften: Der Casimir-Effekt
Astrid Lambrecht, Physik in unserer Zeit, Volume 36 Issue 2, Pages 85 - 91

[Lam 07] The first axion ?
Steve Lamoreaux, Nature, Vol.441, Seiten 31-32 (2006)

[Lan 97] Lehrbuch der theoretischen Physik, Lew D. Landau und Jewgeni M. Lifschitz
Verlag Harri Deutsch (Band 2, Feldtheorie). 1997.
ISBN 978-3-8171-1336-1

[Lif 56] The theory of molecular attractive forces between solids.
Jewgeni M. Lifschitz, Sov. Phys. JETP 2, 73–83 (1956)

[Lig 03] Detector Description and Performance for the First Coincidence Observations between LIGO and GEO
The LIGO Scientific Collaboration, 2003, arXiv:gr-qc/0308043 v3, 17. Sept. 2003

[Lin 97] Grundkurs Theoretische Physik, Albrecht Lindner
Teubner Verlag, Stuttgart. 1997. ISBN 3-519-13095-5

[Liu 93] Wormhole created from vacuum fluctuation
Liao Liu, Phys. Rev. D 48 (1993), p.5463 - R5464
DOI: 10.1103/PhysRevD.48.R5463

[Loh 05] Hochenergiephysik, Erich Lohrmann
Teubner Verlag. 2005. ISBN 3-519-43043-6

[Man 93] Quantenfeldtheorie, Franz Mandl und Graham Shaw
Aula-Verlag, Wiesbaden. 1993. ISBN 3-89104-532-8

[Mel 04] Charge Storage in Electret Polymers: Mechanism, Characterization and Applications, Axel Mellinger
Habilitatsionsschrift an der Universität Potsdam, 6. Dez. 2004

[Mie 84] Kompendium Hypertechnik. Tachyonenenergie, Hyperenergie, Antigravitation.
Sven Mielordt, Berlin, 1984
Nachdruck der 4. Auflage vom raum&zeit Verlag, ISBN 3-89005-005-0

[Moh 98] Precision Measurement of the Casimir Force from 0.1 to 0.9 µm
U. Mohideen und A. Roy, Phys. Rev. Lett. 1998. Vol. 81, no.21, S. 4549

[Mun 09] Measured long-range repulsive Casimir-Lifshitz forces
J. N. Munday, Federico Capasso, V. Adrian Parsegian
Nature 457, 170-173 (8 January 2009) | doi:10.1038/nature07610

[Nau 07] Internetsite and Video of Asymmetrical Capacitors
J. Naudin and courtesy of Hector Luis Serrano
To be found at http://jnaudin.free.fr/lifters/ascvacuum/index.htm (in 2009)

[Nie 83] Konversion von Schwerkraft-Feld-Energie. Revolution in Technik, Medizin, Gesellschaft. Von Hans A. Nieper
MIT-Verlag, Oldenburg, 1983, 4. erw. Auflage, ISBN 3-925188-00-2

[Ole 99] Faster-than-light transfer of a signal in electrodynamics
Valentine P. Oleinik
Published in web:
www.chronos.msu.ru/EREPORTS/oleinik_faster.pdf
And published at: Instantaneous action-at-a-distance in modern physics
Nova Science Publishers, Inc., New York, 1999, p. 261-281.

[Pas 99] Programmiersprache PASCAL, Compiler aus 1999

[Pau 00] Relativitätstheorie, Wolfgang Pauli
Nachdruck im Springer-Verlag, 2000. ISBN 3-540-67312-1

[Pen 96] The Quantum Dice: An Introduction to Stochastic Electrodynamics
Luis de la Pena, Ana Maria Cetto, Kluwer Academic Publishers, 1996
Dordrecht, The Netherlands, ISBN 0-7923-3818-9

[Per 98] Measurements of Ω and Λ from 42 high-redshift Supernovae
S. Perlmutter, et. al., arXiv:astro-ph/9812133, 8. Dez. 1998

[Pin 99] Engine cycle of an optically controlled vacuum energy transducer
Fabrizio Pinto, Phys. Rev. B, 60, 21, 1999, p. 14740-14755
DOI: 10.1103/PhysRevB.60.14740

[Pin 03] Fabrizio Pinto, US patents #6,650,527 and #6,665,167 #6,477,028
Fabrizio Pinto hat auch InterStellar Technologies Corporation gegründet zur Erforschung der Nutzbarmachung von Vakuumenergie:
http://www.interstellartechcorp.com/companyFabrizio.html

[Pop 00] Vacuum polarization of a scalar field in wormhole spacetime
Arkadii A. Popov und Sergey V. Sushkov
arXiv:gr-qc/0009028v1 10. Sept. 2000

[Pop 05] Long throat of a wormhole created from vacuum fluctuation
Arkadii A. Popov, Class. Quantum Grav. 22 (2005) p.5223-5230
DOI: 10.1088/0264-9381/22/24/002

[Put 08] Linearized Turbulent Fluid Flow as an Analog Model for Linearized General Relativity (Gravitoelectromagnetism)
H. E. Puthoff, arxiv.org/abs/0808.3404, 1. Sept. 2008

[Red 08] Comment on 'Note on Faraday's law and Maxwell's equations'
Dragan V Redzic, Eur. J. Phys. 29 (2008) L33–L35

[Rei 09] Marcus Reid, private communication (2008, 2009)

[Rie 98] Observational Evidence from Supernovae for an Accelerating Universe and a Cosmological Constant, Adam G. Riess et. al.
arXiv:astro-ph/9805201, 15. Mai. 1998

[Rik 00] Magnetoelectric birefringences of the quantum vacuum
G. L. J. A. Rikken and C. Rizzo, 2000, Phys. Rev. A, Vol.63, 012107 (2000)

[Rik 03] Magnetoelectric anisotropy of the quantum vacuum
G. L. J. A. Rikken and C. Rizzo, 2003, Phys. Rev. A, Vol.67, 015801 (2003)

[Riz 07] The BMV project: Biréfringence Magnétique du Vide
Presentation at March-15-2007 by Carlo Rizzo at the meeting „Rencontres de Moriond" to be found at:
http://moriond.in2p3.fr/J07/sched07.html

[Sch 49] Quantum Electrodynamics. III. The Electromagnetic Properties of the Electron – Radiative Corrections to Scattering
Richard P. Feynman, Phys. Rev. 76, No.6 (1949), p.790-817

[Sch 88] Feynman-Graphen und Eichtheorien für Experimentalphysiker, Peter Schmüser
Springer Verlag. 1988. ISBN 3-540-58486-2

[Sch 02] Gravitation, Ulrich E. Schröder
Verlag Harri Deutsch, 2002. ISBN 3-8171-1679-9

[Sch 07] Stephan Schiller, private communication, 2007
University of Düsseldorf, Germany

[Sha 83] Black Holes, White Dwarfs and Neutron Stars: The Physics of Compact Objects
Stuart L. Shapiro und Saul A. Teukolsky
Wiley Interscience. 1983. ISBN 0-471-87317-0

[She 01] Possible vacuum-energy releasing
She-Sheng Xue, Physics Letters B 508 (2001) 211-215

[She 03] Magnetically induced vacuum decay
She-Sheng Xue, Phys. Rev. D 68 (2003) 013004

[Sim 80] Absolute electron-proton cross sections at low momentum transfer measured with a high pressure gas target system
G.G.Simon, Ch.Schmitt, F.Borkowski, V.H.Walther
Nucl. Phys. A, vol.333, issue 3, (1980), p.381-391

[Sim 04] Kulturgeschichte der Physik (hier speziell Abschnitt 2.5.)
Károly Simonyi, Verlag Harri Deutsch. 2004. ISBN 3-8171-1651-9

[Sol 03] Some remarks on Dirac's hole theory versus quantum field theory
Dan Solomon, Can. J. Phys. 81: 1165-1175 (2003)

[Sol 05] Some differences between Dirac's hole theory and quantum field theory
Dan Solomon, Can. J. Phys. 83: 257-271 (2005)

[Sol 06] Some new results concerning the vacuum in Dirac's hole theory
Dan Solomon, Phys. Scr. 74 (2006) 117-122

[Spa 58] Measurement of attractive forces between flat plates.
Marcus J. Spaarnay, Physica. Band 24, 1958, S. 751.

[Spr 85] Vorrichtung oder Verfahren zur Erzeugung einer variirenden Casimir-analogen Kraft und Freisetzung von nutzbarer Energie.
Werner Sprenzel und Sven Mielordt
Deutsches Patent mit Aktenzeichen DE3541084, Angemeldet am 15.11.1985.

[Stö 07] Taschenbuch der Physik, Horst Stöcker
Verlag Harri Deutsch. 2007. ISBN-13 987-3-8171-1720-8

[Sve 00] Precise Calculation of the Casimir Force between Gold Surfaces
V. B. Svetovoy und M. V. Lokhanin
Modern Physics Letters A. 2000. vol.15, nos. 22 & 23, S.1437

[Taj 08] M. Tajmar, private communication

[Teg 02] Measuring Spacetime: from Big Bang to Black Holes
Max Tegmark, arXiv:astro-ph/0207199 v1, 10. Juli 2002
Slightly abbreviated version in: Science, 296, 1427-1433 (2002)

[Tes 91] Erklärung Nikola Tesla's vor dem Amerikanischen Institute of Electrical Engineering, 1891

[Thi 18] Über die Wirkung rotierender ferner Massen in Einsteins Gravitationstheorie
Hans Thirring und Josef Lense, Phys. Zeitschr. 19, Seiten 33-39 Jahrgang 1918

[Tip 03] Moderne Physik, P. A. Tipler und R. A. Llewellyn
Oldenbourg Verlag. 2003. ISBN 3-486-25564-9

[Ton 03] Cosmological Results from High-z Supernovae
John L. Tonry, et. al., arXiv:astro-ph/0305008, 1. Mai 2003

[Tur 07] Prüfungstrainer Physik (Lehrbuch), Claus W. Turtur
B. G. Teubner Verlage, Wiesbaden. 2007. ISBN 978-3-8351-0137-1

[Umr 97] Grundlagen der Vakuumtechnik
Walter Umrath, Leybold Vakuum GmbH, 1997
zu finden unter
www-ekp.physik.uni-karlsruhe.de/~bluem/grund_vac.pdf (2008)

[Val 05] Practical Conversion of Zero Point Energy: Feasibility Study of Zero Point Energy Extraction from the Quantum Vacuum for the Performance of Useful Work
Thomas Valone, Integrity Research Institute, 2005.
ISBN-13: 978-09641070-8-3

[Val 08] Zero Point Energy, The fuel of the future
Thomas Valone, Integrity Research Institute, 2008.
ISBN 978-0-9641070-2-1

[War 09] Externally-shunted high-gap Josephson junctions: Design, fabrication and noise measurements, EPSRC grant EP/D029872/1
P.A. Warburton, grant from 01. April 2006 to 31. March 2009
http://gow.epsrc.ac.uk/ViewGrant.aspx?GrantRef=EP/D029783/1

[Whe 68] Einsteins Vision
Wie steht es heute mit Einsteins Vision, alles als Geometrie aufzufassen?
John Archibald Wheeler. 1968. Springer Verlag

[Wik 08] http://de.wikipedia.org/wiki/Elektret und
http://de.wikipedia.org/wiki/Anorganisch
Allgemeine Information über Elektrete und über anorganische Elektrete.

[Wik 09] Aufbau des Stromerzeuger's nach Coler:
http://expliki.org/wiki/Coler-Energie-Konverter
Aufbau des Magnetstromapparats nach Coler:
http://expliki.org/wiki/Magnetstromapparat

[Wil 02] A report of the status of the GEO 600 gravitational wave detector, 2002
B.Willke et. al., Classical and Quantum Gravity. 19, S.1377

[Wis 01] Coulomb motor by rotation of spherical conductors via the electrostatic force.
Anders O. Wistrom und Armik V. M. Khachatourian
(Experiment aus 2001)
Applied Physics Letters, Vol. 80, No.15, 2800 (publiziert am 15. April 2002)

[Wis 02] Erratum: "Coulomb motor by rotation of spherical conductors via the electrostatic force.", Anders O. Wistrom und Armik V. M. Khachatourian Applied Physics Letters, Vol. 81, No.25, 4871 (16. Dezember 2002)

[Zav 06] Experimental Observation of Optical Rotation Generated in Vacuum by a Magnetic Field, E.Zavattini et. al., Phys. Rev. Lett. 96, 110406 (2006)

[Zav 07] New PVLAS results and limits on magnetically induced optical rotation and ellipticity in vacuum, E.Zavattini, et. al., arXiv:0706.3419v2 , 26. Sept. 2007

7.2 Eigene Publikationen im Zusammenhang mit der vorliegenden Arbeit

[e1] Does cosmological vacuum energy density have an electric reason ? Claus W. Turtur: http://arXiv.org/abs/astro-ph/0403278 (März 2004)

[e2] A Theoretical Determination of the Electron's Mass Claus W. Turtur, Galilean Electrodynamics & GED East, Volume 17, Special Issues 2, Fall 2006, S.23-29

[e3] Systematics of the Energy Density of Vacuum Fluctuations and Geometrodynamical Excitones, Claus W. Turtur, Physics Essays, Vol#20, No.2 (Juni 2007)

[e4] About the Electrostatic Field following Coulomb's law with additional Consideration of the finite speed of propagation following the theory of Relativity, Claus W. Turtur, PHILICA.COM, ISSN 1751-3030, Article number 112 (11. December 2007)

[e5] Two Paradoxes of the Existence of electric Charge Claus W. Turtur, arXiv:physics/0710.3253 v1 (Okt.2007)

[e6] A QED-model for the Energy of the Vacuum and an Explanation of its Conversion into Mechanical Energy, Claus W. Turtur PHILICA.COM, ISSN 1751-3030, Article number 138, (4. Sept. 2008)

[e7] A Hypothesis for the Speed of Propagation of Light in electric and magnetic fields and the planning of an Experiment for its Verification Claus W. Turtur: http://arXiv.org/abs/physics/0703721 Version Nr.2, Nov. 2007.

[e8] Conversion of vacuum-energy into mechanical energy: Successful experimental Verification, Claus W. Turtur PHILICA.COM, ISSN 1751-3030, Article number 124, (2. April 2008)

[e9] Conversion of vacuum-energy into mechanical energy
Claus W. Turtur, The General Science Journal, ISSN 1916-5382
(5. Juni 2008)
Im Internet abrufbar unter http://wbabin.net/physics/turtur.pdf

[e10] Two Paradoxes of the Existence of magnetic Fields,
von Claus W. Turtur
PHILICA.COM, ISSN 1751-3030, Article number 113,
(19. December 2007)

[e11] A Motor driven by Electrostatic Forces, von Claus W. Turtur
PHILICA.COM, ISSN 1751-3030, Article number 119, (18. Februar 2008)

[e12] An electrostatic rotor with a mechanical bearing, Claus W. Turtur
PHILICA.COM, ISSN 1751-3030, Observation number 45, (11. April 2008)

[e13] The role of Ionic Wind for the Electrostatic Rotor to convert Vacuum Energy into Mechanical Energy, Claus W. Turtur
PHILICA.COM, ISSN 1751-3030, Observation number 49,
(16. Sept. 2008)

[e14] Conversion of Vacuum Energy into Mechanical Energy under Vacuum Conditions
Claus W. Turtur,
PHILICA.COM, ISSN 1751-3030, Article number 141, (3. Dez. 2008)
Die Untersuchungen im Vakuum wurden in Kooperation mit Herrn Dr.-Ing. Wolfram Knapp an der Otto-von-Guericke-Universität Magdeburg, Institut für Experimentelle Physik, Abteilung Vakuumphysik und –technik durchgeführt.

[e15] A magnetic rotor to convert vacuum-energy into mechanical energy,
Claus W. Turtur
PHILICA.COM, ISSN 1751-3030, Article number 130, (21. Mai 2008)

[e16] An easy way to Gravimagnetism
Claus W. Turtur: http://arXiv.org/abs/physics/0406078
(Juni 2004)

[e17] Definite Proof for the Conversion of vacuum-energy into mechanical energy based on the measurement of machine power, Claus Turtur und Wolfram Knapp
PHILICA.COM, ISSN 1751-3030, Article number 155, (2. April 2009)

[e18] Conversion of the Vacuum-energy of electromagnetic zero point oscillations into Classical Mechanical Energy
Claus W. Turtur, The General Science Journal, ISSN 1916-5382
(5. Mai 2009)
In Internet abrufbar unter http://wbabin.net/physics/turtur1e.pdf

7.3 Kooperationen und private communication

[Bec 08/09] Hans Peter Beck
Technische Universität Clausthal und Energieforschungszentrum Niedersachsen
Einige seiner Mitarbeiter unterstützten mich in den Jahren 2008 und 2009 bei meinen experimentellen Untersuchungen in Laboratorien.

[Ihl 08] Private communication, Dank geht an W. Guilherme Kürten Ihlenfeld von der Physikalisch Technischen Bundesanstalt Braunschweig, der mir erlaubt, meine ANSYS-Inputfiles auf seinem Computer laufen zu lassen.

[Kah 08] Martin Kahmann und W. Guilherme Kürten Ihlenfeld
Erstmals geäußert wurde das Kriterium des „Netto-Energiegewinns", welches auch unter dem Namen „over-unity" bekannt ist, anlässlich einer Vorführung, bei der ich im April 2008 meinen elektrostatischen Rotor in der Physikalisch Technischen Bundesanstalt (PTB) in Braunschweig vorgestellt habe. Damit wurde mir besonders deutlich, welches experimentelle Ziel ich in der folgenden Zeit zu erreichen hatte.

[Kna 08/09] Wolfram Knapp
Diese experimentellen Arbeiten im Vakuum fanden in Kooperation mit dem Institut für Experimentelle Physik der Otto-von-Guericke-Universität Magdeburg statt.

[Lam 09] Steven Lamoreaux von Yale-University, U.S.A.
Prof. Lamoreaux schlug mir in einem Email-Gedankenaustausch vor, das Experiment des Vakuumenergie-Rotors bei Temperaturen nahe dem Temperaturnullpunkt zu wiederholen, um unterscheiden zu können, ob der Rotor durch thermische Strahlung oder durch elektromagnetische Nullpunktswellen angetrieben wird.

[Lie 08/09] Frank Lienesch, Physikalische Technische Bundesanstalt Braunschweig (PTB). Hier bekam ich wiederholt die Möglichkeit, einen von mir gebauten transportablen Kryostaten und magnetischen Rotor mit flüssigem Stickstoff zu versorgen, damit ich Experimente mit supraleitenden Rotoren in Magnetfeldern ausführen konnte.

[Ost 07] G.-P. Ostermeyer und J.-H. Sick von der Universität Braunschweig gaben mir die Möglichkeit in ihrem Labor meßtechnische Untersuchungen zur Ausbreitungsgeschwindigkeit von Licht in elektrischen Feldern mit Hilfe von mir gefertigter Einbauten in eine vorhandene Apparatur durchzuführen, die ich in [e7] publiziert habe.

Zeitfracht Medien GmbH
Ferdinand-Jühlke-Straße 7
99095 Erfurt, Deutschland
produktsicherheit@kolibri360.de